Mins Minssen

Der sinnliche Stoff

Vom Umgang mit Materie

Klett-Cotta

Verlagsgemeinschaft Ernst Klett Verlag – J. G. Cotta'sche Buchhandlung

Printed in Germany
Umschlag: Klett-Cotta-Design
Gesetzt aus der 10 Punkt Frutiger von Setzerei Lihs, Ludwigsburg
Gedruckt auf holzfrei Werkdruckpapier bei Gutmann, Heilbronn
Buchbinderische Verarbeitung von G. Lachenmaier, Reutlingen

CIP-Kurztitelaufnahme der Deutschen Bibliothek:
Minssen, Mins:
Der sinnliche Stoff / Mins Minssen. –
Stuttgart : Klett-Cotta, 1986.
ISBN 3-608-93365-4

Für Christine

Inhalt

Einleitung

Dieses Buch erhebt den Anspruch, auf weite Strecken ein unvernünftiges zu sein. Wer nun glaubt, das sei ein geringer Anspruch, täuscht sich. Vernünftige Bücher werden manchmal leichter geschrieben, darum ist an ihnen kein Mangel: „Bei den meisten Büchern, von den eigentlich schlechten ganz abgesehen, hat, wenn sie nicht durchaus empirischen Inhalts sind, der Verfasser zwar *gedacht,* aber nicht *geschaut:* er hat aus der Reflexion, nicht aus der Intuition geschrieben; und dies eben ist es, was sie mittelmäßig und langweilig macht. Denn was jener gedacht hat, hätte der Leser bei einiger Bemühung allenfalls auch denken können; es sind eben vernünftige Gedanken, nähere Auseinandersetzungen des im Thema implizite Enthaltenen. Aber dadurch kommt keine wirklich neue Erkenntnis in die Welt: diese wird nur im Augenblick der Anschauung, der unmittelbaren Auffassung einer neuen Seite der Dinge erzeugt. Wo daher im Gegenteil dem Denken eines Autors *ein Schauen* zum Grunde lag, da ist es, als schriebe er aus einem Lande, wo der Leser nicht auch schon gewesen ist; da ist alles frisch und neu: denn es ist aus der Urquelle aller Erkenntnis unmittelbar geschöpft."

Schopenhauer* schreibt das, und man ahnt, daß man sich anstrengen muß, will man das Vernünftige für eine Weile hinter sich lassen. Diese Anstrengung, eine neue Seite der Dinge anzuschauen und aufzufassen, will ich mit dem Leser teilen. Ich möchte also nicht zu sehr *meine* Anschauung erläutern, als vielmehr die Dinge so arrangieren, daß ihnen der Leser selbst eine neue Seite abgewinnen kann.

Es soll dabei um die stoffliche Seite der Dinge gehen, und zwar die Seite, die nicht oder nur selten in Chemiebüchern vorkommt, denn diese Bücher nehmen von den Stoffen nur die Skelette wahr, das Allgemeine. Es sind aber die beobachteten

*Quellen sind am Schluß der Einleitung zu finden.

besonderen Details, die den Unterschied zwischen Formelhaftigkeit und aus der Anschauung geschöpfter Erfahrung ausmachen. Schopenhauer erläutert diesen Unterschied zwischen beiden durch „ein ganz leichtes und einfaches Beispiel": Da schreibt Cervantes in seinem „Don Quijote" nämlich nicht: „Er stand wie eine Bildsäule", sondern: „wie eine bekleidete Bildsäule; denn der Wind bewegte seine Kleider." Ich will den Leser anregen, die stoffliche Seite der Dinge zu schmecken, zu riechen, zu erahnen, zu ertasten, eben anzuschauen in des Wortes weitestem Sinne, auch auf Kleinigkeiten hin. Der Stoffcharakter, behaupte ich, steckt im sinnlich Greifbaren mindestens so sehr wie im Chemischen. Was die Chemie angeht, so hat sie im Lauf der Zeit das frühere Schwelgen im Stoff abgelegt und ist auf das Physikalische abgemagert. Nahezu alle heute gebräuchlichen Methoden der Strukturaufklärung sind physikalische. Der räumliche Aufbau vieler biologisch wirksamer Moleküle wird so – ganz zweckmäßig – mit Hilfe der Röntgenstreuung abgebildet. Für unsere Art der Anschauung sind Röntgenbilder zu karg. Es soll mehr um Portraits vom Stoff gehen, so wie man über ein gemaltes oder fotografiertes Bild einer Person besser nahe kommen kann als über ihr Röntgenbild. Man kann sich sogar in sie verlieben.

Das soll dazugehören, daß der Stoff nicht leidenschaftslos angeschaut wird. Es sind also zwei ständig wiederkehrende Themen da: das Thema des Stoffes in der Vielfalt der Gestalten, in denen er sich zeigt, und das Thema der Beziehungen, die man zum Stoff entwickelt. Nun kann jemand sagen, die objektive und wissenschaftliche Betrachtung erfordere, daß man sich von Beziehungen zu seinem Gegenstand freimache. Dem halte ich entgegen, daß keine Beziehung auch eine Beziehung ist, nämlich eine recht lieblose. Ich werde deutlich machen, daß ein lieblos angeschauter Naturstoff auch lieblos zurückschaut. Es ist wie mit dem unheimlich lebendigen Portrait des Dorian Gray. Das altert und trägt in harten Falten die Spuren jeder Herzlosigkeit und Grausamkeit nach, die sein unveränderbar glattes Vorbild sich gestattet hat.

Der Aufbau des Buches ist einfach. Das erste Kapitel ist die

Mutter aller weiteren. Es enthält im Keim das ganze Buch. Das heißt, alle folgenden Kapitel haben von aufgegriffenen Einzelabschnitten des ersten her ihren Ursprung. Im ersten Kapitel vorkommende Passagen über ausländischen Naturumgang, über die Begegnung mit dem Stoff im Duft, über Stoff zwischen pulvriger Chemikalie und Landschaften, über Denken in Bildern sind, sofern es lohnend schien, als eigene Kapitel ausgearbeitet worden und haben in dieser Ausarbeitung dann – meine ich – gegenüber ihrer Mutter Eigenständigkeit gewonnen. Jedes Kapitel hat, damit es für sich gelesen werden kann, sein eigenes Quellenverzeichnis*.

Wer das erste Kapitel gelesen hat, weiß schon einigermaßen Bescheid über die Zielsetzung des Buches als Ganzem, aber ich selbst würde jetzt im nachhinein genau so gern mit dem letzten Kapitel anfangen. Im letzten Kapitel wird am meisten erzählt. Geschichten enthalten immer mehr als das, was als Moral von der Geschicht, in Form von Lehrsätzen oder Pointen nachher aus ihnen herausgeangelt werden kann. Wäre das nicht so, könnte man die Pointe ohne den Witz davor erzählen.

Jeder Umweg, jede Abschweifung, jedes Zögern gibt zudem dem Leser Zeit zur eigenen Nachdenklichkeit, wie Hans Blumenberg in einem seiner Aufsätze zeigt, und die Nachdenklichkeit ist da wohl auch im Sinne des Anschauens gemeint. Ich wünsche mir also Lehrbücher als Erzählbücher, die einem Bilder und nicht nur Merksätze vor Augen zaubern und die man gerne mit in die Ferien nimmt.

Ist das Buch vom „Stoff" nun ein Lehrbuch? Es ist so wenig ein Lehrbuch, wie es vernünftig ist. Für ein Lehrbuch geht alles zu gemächlich und zu wenig geradlinig zu. Was heißt geradlinig? Zum Prüfungsstoff der Beamten einer ganzen Reihe von Dynastien des kaiserlichen China gehörten die Lehrgespräche des Mong Dsï. Eines dieser im 4. Jahrhundert vor unserer Zeitrechnung geführten Gespräche heißt „Die Ruhe des Gemüts" und betrifft die Pflege der Lebenskraft. Die zu fördern, bedürfe es

*Vorfassungen zu Kapiteln und Passagen sind während der Arbeit an dem Buch in einigen Zeitschriften und Sammelbänden veröffentlicht worden. Das ist dann auch bei den jeweiligen Kapiteln angegeben.

der Arbeit, sagt Mong Dsï, aber einer Arbeit, die nicht nach dem Erfolg schiele. Das ist eine Moral, die er dann mit folgender Geschichte überholen muß: Also, man darf es nicht machen wie jener Mann aus Sung. Der war traurig, daß sein Korn nicht wuchs. Darum ging er aufs Feld, zog es in die Höhe und strengte sich redlich an dabei. Er kam nach Hause und sagte seiner Familie: Heute bin ich müde geworden. Ich habe dem Korn beim Wachsen geholfen. Der Sohn lief schnell hinaus um nachzusehen: Da waren alle Pflänzchen welk. Das heiße nun aber nicht, lehrt Mong Dsï, man solle sich gar nicht kümmern und so das Korn vom Unkraut überwuchern lassen. Aber es gäbe eben wenig Leute, die dem Korn nicht beim Wachsen helfen wollten, in der ruhelosen und gut gemeinten Art des Mannes aus Sung, der ein Beispiel für schädliche und hastige Geradlinigkeit beim Handeln sei. Das Buch vom „Stoff" ist also voll von Umwegen, und was ein Umweg ist, wird unter anderem am Ende des ersten Kapitels deutlich, aber ein späterer Berufskollege des Mannes aus Sung, der französische Agronom und Chemiker Parmentier, verstand sich auch darauf. Ein von ihm geschriebenes Buch heißt in der frühen (1779) deutschen Übersetzung: „Die Kunst, Brod aus Erdäpfeln zu backen, ohne Vermischung mit irgendeinem Getraidemehl, zum Behuf der Bürger und Landleute bey theuren Zeiten."

Das war der erste Umweg: statt dem knappen Korn beim Wachsen zu helfen, über die Kartoffel zum Brot zu kommen. Gegen die Kartoffel gab es in Frankreich viele Vorurteile, gegen die Parmentier kämpfte: Als den Bauern Saatgut und Ratschläge angeboten wurden, ließen sie das eine verderben und schlugen das andere in den Wind. Da halfen nur weitere Umwege. Der zweite Umweg also bestand darin, aus Kartoffelblüten, die von den Versuchsfeldern der nach ihren sandigen Böden so bezeichneten Plaine des Sablons stammten, ein Bouquet zu binden, und dem prachtliebenden Ludwig XVI. in zeremonieller Form zu überreichen, die Schönheit der Blumen für die Nützlichkeit der Knollen ein Wort einlegen zu lassen. Eine Weile lang trug der König Kartoffelblüten im Knopfloch. Der dritte Umweg ist als Anekdote aus Schulbüchern bekannt: Um die Kartoffel schnell

Die Kunst,
Brod
aus
Erdäpfeln
zu backen
ohne Vermischung
mit irgend einem Getraidemehl,
zum Behuf der Bürger und Landleute bey theuren Zeiten,
aus dem Französischen
des Herrn Parmentier
übersetzt.

Augsburg,
bey Albert Friedrich Bartholomäi.
1779.

Die Kunst,
Brod aus Erdäpfeln zu backen,
ohne Vermischung
mit irgend einigem Getraidemehl.

Es ist die Pflicht eines Staatsbürgers, die Wissenschaft, auf welche er sich besonders gelegt hat, auf die für die Gesellschaft wichtigsten Gegenstände anzuwenden.

A 2

Eine diesseitige Kunst und ihre Ornamente – Aus Parmentiers Buch zur Kartoffel

dem allgemeinen Nutzen zugänglich zu machen, ließ Parmentier sie für den Hof reservieren, die Felder einzäunen und den Zutritt verbieten. Durch so angereizten Diebstahl verbreiteten sich die Knollen wie von selbst. Wenn man bedenkt, wie ähnlich sich die Wörter Parmentier und pomme de terre sind, von einflußreichen Zeitgenossen Parmentiers auch vorgeschlagen wurde, die Kartoffel Parmentière zu benennen, so hat, auf dem Umweg über die Kartoffel, Parmentier auch seinen eigenen Namen verbreitet. Schon berühmt, gründet er in Paris eine Bäckerschule, wird ihr Direktor und veröffentlicht den „Perfekten Bäcker". Da ist er – nach vielen schönen und nützlichen Umwegen – wieder beim „Getraidemehl" angekommen. Solche Geschichten sind nichts für Planer, so wie auch das Buch vom „sinnlichen Stoff" für niemanden ein Lehrbuch ist. Ja, es ist geradezu verboten, daraus etwas nach Hause zu tragen.

LITERATUR

BLUMENBERG, H.: Nachdenklichkeit. Neue Zürcher Zeitung 21.11.1980, Fernausgabe 271, S. 37 f.

MONG DSÏ: Die Lehrgespräche des Meisters Meng K'o. Köln: Diederichs, 1982.

PARMENTIER: A.-A.: Die Kunst, Brod aus Erdäpfeln zu backen, ohne Vermischung mit irgendeinem Getraidemehl zum Behuf der Bürger und Landleute bey theuren Zeiten. Augsburg: Bartholomaei, 1779.

SCHOPENHAUER, A.: Die Welt als Wille und Vorstellung. Leipzig: Brockhaus 1859, S. 77–78.

1. Kapitel

Vernachlässigte Ansichten des Naturstoffs

Ein Lehrer in Gambia stellt für den naturwissenschaftlichen Unterricht britische Gedichte zusammen, der Motivation wegen. Eines geht so: „Die Welt ist voll von tausenden von Dingen, wir können glücklich sein wie Könige" wobei sich, in der überkommenen und übernommenen Kolonialsprache, Dinge auf Könige reimen. Im Laufe ihrer Schulzeit werden die Kinder die Herrlichkeit schwinden sehen. In den aus den aufgeklärten Ländern importierten und adaptierten (an wen?) Lehrmaterialien werden des Königs alte Kleider behutsam als Lüge entlarvt, bemächtigt man sich seiner Schatzkammer und zeigt, was es dort zu finden gibt: nur Protonen, Elektronen und Neutronen in verschiedenen Mengen und Anordnungen, alle aus einem Stoff, Kügelchen, halb aus Plastik, halb aus papierenen Ideen, und die Schatzkammer soll auch nie etwas anderes enthalten haben.

Dann wieder: Die Kügelchen sehen nach nichts aus, aber hat man sie in der Hand, gelingt die Erzeugung von Arzneien, von Giften und Waffen. Zum praktischen Nutzen der Elektronen schrieb der frühere Chemielehrer und spätere Wissenschaftsphilosoph Gaston Bachelard* 1938: „Die Sphärenmusik war nur ein armseliger Traum, der einer armseligen Wissenschaft ihren Wert gab. Die Elektromusik dagegen erwies sich auf einem anderen Feld als realisierbar. Dieses stumme Wesen hat uns das Telefon gegeben. Das gleiche unsichtbare Wesen wird uns das Fernsehen schenken."

Ist es nicht so, als ob Hassan aus Basra mit dem kupfernen Zepter, das er soeben den Söhnen des Zauberers abgelistet hat, auf den Sand schlägt und die Anführer der Sieben Klassen der

*Alle Literaturstellen sind am Schluß des Kapitels aufgelistet.

Eine erste Fassung des Kapitels ist 1982 in der Zeitschrift „Scheidewege" erschienen.

Aus „Tausend und eine Nacht": Magisches Kupfer

Genien erscheinen, jeder so groß, daß sein Kopf die Wolken spaltet, und sie sind zu Diensten? Es ist nicht so. Aus den Kügelchen der neuen Arsenale werden Isocyanide, Carben-Analoge und Allylanionen, Vinylacetate und Acrylate. Das sind andere Stoffe als Alabaster, Jade und Elfenbein, Sandelholz, Ambra, Aloe und Moschus, andere auch als Brot und Salz.

Eine Musik von Stoffen scheint verstummt seit 1001 Nacht, seit Muza, der Emir, als letzter in die Gewölbe der messingnen Stadt sah, hinter ihre mit goldenen und silbernen Nägeln beschlagenen Tore aus Zypressenholz. Niemand kommt mehr, um die Treppe aus jemanischen Steinen hinabzusteigen, um vor dem im Windhauch zitternden Quecksilber in den Augenhöhlen der toten Prinzessin zu erschrecken, sich von den in Bronze gestochenen Versen zu Tränen rühren zu lassen. Die Kampferinseln sind, so scheint es, im Meer untergegangen, das Schloß mit der bleiernen Kuppel ist wohl in der Erde verschwunden, die kristallene Zitadelle zersplittert. Salomons Siegelring aus Karneol, mit dem er die Geister in kupferne Flaschen zwang, die er mit Stein, Eisen und Blei versiegelte, ist verschollen.

Schade, daß Beton nicht brennt, schreiben die Kinder der neuen Welt auf die Mauern, aber sie meinen nicht nur Beton, sondern darüber hinaus verspiegeltes Glas und Stahlskelette, mattkaltes Aluminium und das, was sie Plastikwelt nennen. Bei ihnen sind billig, praktisch und fest auf Zug und Druck nicht mehr die alleinigen Kategorien. Die Menschen sind ja nicht blind und taub, ohne Fingerspitzengefühl und unempfindlich, wenn auch nicht alle ihre Wahrnehmungen so genau beschreiben können, wie es in Roland Barthes' Anmerkungen zu „Plastik" zum Ausdruck kommt: „Es ist eine geronnene Substanz. In welchem Zustand es sich auch befindet, es behält ein flockiges Äußeres, etwas Vages, Cremiges und Erstarrtes, eine Unfähigkeit, jemals die triumphale Glätte der Natur zu erlangen. Am stärksten aber verrät es sich durch den Ton, den es gibt, diesen hohlen und matten Ton. Sein Geräusch vernichtet es, sowie auch seine Farben, denn es scheint nur die besonders chemischen fixieren zu können: Gelb, Rot, Grün, es behält von ihnen allein das Aggressive, gebraucht sie einzig wie einen Namen, der nur in der Lage ist, Begriffe von Farben zur Schau zu stellen."

Aber trotz allem, hier ist die Materie noch hörbar, wenn auch matt und hohl, noch greifbar. Dem chemischen Laborstoff fehlt auch das. Man hat ihm seine Form genommen, sie ihm ausgezogen, sie von ihm weg abstrahiert. Gold ist kein Ring, Eisen keine Kette, Zucker kein Stück Kandis. Es sind keine ganzen Stücke mehr da, sondern kleine Portionen farbloser Lösungen in einer Pipette, ein paar Körnchen weißen Kristallpulvers auf der Spitze eines Spatels. Da ist es nicht mehr weit bis zu dem Augenblick, wo eine Lehrperson mit Kreide sechs Striche zu einem regelmäßigen Sechseck aneinanderwinkelt und sagt: „Das ist Benzol."

Der Stoff ist nun endgültig mit seiner Formel identisch geworden, kreidig und papiern, und vielleicht steckt mehr als nur ein Versprecher dahinter. Die Vorliebe des früheren Architekturstudenten Kekulé, Substanzen mit Linien und Winkeln abzubilden, wurde nicht nur allgemeines Beschreibungsmuster, sondern auch Denkungsart und Syntheseprinzip. Das heißt, Kekulés Zeichenstil materialisiert sich auf dem Weg über die Köpfe der Chemiker immer wieder aufs neue in allen möglichen Stoffen, ähnlich wie ein Virus in der Zelle seine eigenen Abbilder ständig reproduzieren läßt. So suggeriert die Strich- und Winkelwährung ein trügerisches Gemeinsames in den Stoffen, so, wie auch Bett und Suppenschüssel so lange über das Geld verglichen werden können, das sie gekostet haben, bis sie nur noch Geld sind. Kürzlich wurde im „Jugend forscht"-Wettbewerb ein Schüler ausgezeichnet, der auf dem Bildschirm seines Commodore Computers (der Markenname ist auch nicht so ohne) solche Strichbilder entstehen ließ, um dann die möglichen Synthesewege abzufragen. So werden die neuen Stoffe ihren vorab erdachten Formeln immer ähnlicher, die neuen Formeln aber den vorab vorhandenen stofflichen Dingen eher unähnlich.

Eine Verbindung wie 1,2-Dibrom-1,2-Diphenylethan mutet wie eine stoffgewordene Formel an, die erst gar keine Fragen aufkommen läßt nach dem Unterschied zwischen dem Ding und seiner Bezeichnung. Mit Steinen sieht es da schon anders aus. Die liegen in der Hand, sind kühl, glatt oder rauh und wecken Erinnerungen. Sie haben eine Geschichte, und es gab sie schon, bevor sie sich als Silicate und Carbonate beschreiben ließen.

Ein englischer Schüler mit Namen Huw, zehn Jahre alt, schreibt:

„Irgendwann einmal verschwand der Gletscher, und ein Fluß trat an seine Stelle. Ich wurde flußabwärts getragen und schließlich am Ufer fallen gelassen. Die Strömung glättete mich glatter und glatter. So liege ich jetzt am Ufer, in der Sonne scheinend, bis mich der Fluß wegwaschen wird zu nichts als Staub."

Da ist die durchaus nützliche Trennung in Subjekt und Objekt für einen Augenblick vergessen, und es ließe sich fast erahnen, was sich hinter Worten wie „mystische Einheit" oder vielleicht auch „Satori" verbirgt, könnte man eben Worten und Sätzen ganz trauen. Der Schüler genießt noch die Schonfrist für Kinder, was die Wahl der Unterrichtsinhalte und die Freiheit des Ausdrucks angeht, und das betreffende Schulprojekt ist großzügig und ermuntert „imaginative writing" zusätzlich zu Versuchsprotokollen. Auch in denen zeigt sich Aufmerksamkeit:

„Der rosa Baustein ist aus Sand, Kalk und ein bißchen Zement gemacht. Er ist ziemlich glatt, und er wiegt 6 Pound und 2¼ Unzen. Er ist ein reiner Zierstein. Er hat keine Vertiefungen und keine Löcher. Er hat keinen Namen. Er kostet etwa 12 £ pro tausend Stück. Einer kostet 3 Pence. Länge 8½ inches x Breite 2½ inches x Höhe 4 inches = 85 cu. inches." (Denise, 9 Jahre)

Oder auch:

„Dieser Stein fühlt sich schartig an, weil er mitten im Land gefunden wurde und das Meer nicht an ihn heran konnte, um ihn glatt zu machen. Die Farbe ist weiß mit goldfarbenen Splittern darin. Das goldene Mineral ist Pyrit, als Narrengold bekannt. Ich weiß, daß es Pyrit ist, denn ich testete den Strich, und der war bräunlichschwarz. Das Weiße ist Quarz. Ich fand das heraus, indem ich mit einem anderen Stück Quarz daran kratzte, aber es gab keine Rille. Ich prüfte auch mit Salzsäure und fand, daß es nicht sprudelte, da wußte ich, das muß Quarz sein!" (Wyn, 8¾ Jahre)

Hilft in dem einen Fall alles Messen nicht, weil der Gegenstand ein namenloser Niemand ist, äußert sich im anderen ähnlich festliche Zuversicht in die Wissenschaft und ihre Anwendung vor der Routine, wie sie in den Expeditionen des vorigen Jahrhunderts, ihren Improvisationen und Provisorien am klarsten aufleuchtet:

„Am 26. Juni begann Ingenieur Stake mit einer exakten Kontrolle der Ballondichte.

Er legte bleiazetatgetränkte Leinenstreifen über die Nähte der Hülle.

Weil unser Wasserstoffgas etwas schwefelhaltig war, färbten sich die Leinenstreifen infolge chemischer Reaktionen des Schwefels mit dem Bleiazetat schwarz, sobald irgendwo Gas durch die Nähte drang.

Die auf diese Weise entdeckten Lecks wurden abermals mit Kautschukfirnis überpinselt, dem diesmal jedoch Kienruß beigemischt wurde. So markierte man die nachbehandelten Nähte. Es war ein denkwürdiges Erlebnis, ein rundes Dutzend Matrosen der ‚Svensksund' mit flatternden Leinenstreifen, Firnisbüchsen und Pinseln in den Maschen des über die Ballonkuppel gezogenen Netzes herumklettern zu sehen."

Ausgehend von Plänen, Tagebüchern* und den Resten des letzten Lagers konstruiert so der Schwede Sundman eine Erzählung über die versuchte Ballonfahrt seines Landsmannes Andrée zum Nordpol. Die Szene mit den Matrosen, das Schauspiel, gehört ganz wesentlich dazu. Der Ballon ist aus insgesamt dreitausendeinhundertsechzig Stücken Seide zusammengesetzt, es ist chinesische Seide, mit Leinöl gefirnißt, und noch besser – sagt man – wäre es gewesen, die Hülle innen mit mehreren Schichten Goldschlägerhaut zu versehen. Da scheint der Glanz aus den Schatzkammern der messingnen Stadt noch einmal herüber, wörtlich gespiegelt im Material von Kompaß und Sextant. Flüchtig und unbewußt wird er wahrgenommen, als der Ballon einmal mit Luft aufgepumpt wird: „Swedenborg und ich krochen durch das Bodenventil in die Hülle. Es war ein unbeschreibliches Erlebnis. Wir glaubten, uns unter einer tempelähnlichen Kuppel zu befinden, die orangefarbenes Dämmerlicht füllte. Abgesehen von dem sanften Zischen des Blasebalges und dem unregelmäßigen und dumpfen Trommeln, das immer dann zu hören war, wenn der Ballon vom Wind gegen eine Wand der Halle gestoßen wurde, herrschte eine merkwürdige Stille. Ehe wir durch das Bodenventil eingeschleust wurden, mußten wir unsere Schuhe ausziehen, um den Teil nicht zu beschädigen, der noch auf dem Boden ruhte. ‚Salam aleikum', sagte Swedenborg mit sehr lauter Stimme. Weder Machuron noch die neun Matrosen reagierten. Swedenborgs Worte gingen in dem orangefarbenen Dämmerlicht verloren."

Wissenschaftliche Berichte des vorigen Jahrhunderts enthalten noch Reste von Tagebüchern und damit Lebensbüchern, zeigen daher noch Aufmerksamkeit für das, was später als Nichtigkeit wegfällt. Der Stoff ist nicht nur im einmal ausgewählten

*Im Kapitel „Stoff als Landschaft und Haus" wird aus diesen Tagebüchern ausführlich zitiert.

Forschungsgegenstand vorhanden, sondern auch im Drumherum und letztlich im eigenen Körper: „Noch während wir in meinem Arbeitszimmer stehend ein kleines Frühstück einnahmen ...", leitet ein früher Parapsychologe zu Beobachtungen des Unheimlichen über, und über ein nordnorwegisches Festessen der Andrée-Expedition erfährt man, daß es aus Krabben, Lachs, geräuchertem Renfleisch, Sumpfbrombeeren, rotem Ziegenkäse und gelbweißem zerfließendem Schafskäse bestand, das alles mit Genuß beschrieben, nicht mit der Blasiertheit des Kenners kalter Buffets. Doch auch Sherlock Holmes' Kokainphiole, mit der er sich über Phasen der Depression und Einsamkeit hinweghilft, findet sich wieder in Gestalt der sechs Gelatinewürfel Opium und acht Würfel Morphium, mit denen sich der Ingenieur Fraenkel* als letzter Teilnehmer der gescheiterten Expedition ein träumerisches Ende setzt. Der Nordpol, sagt er, ist eine schlechte Geliebte und meint es wörtlich, anspielend auf das Forschungsziel als ungenügendem Glücksersatz in der Männergemeinschaft der Expeditionen im speziellen und der Wissenschaft im allgemeinen.

Zwar sind auch die orientalischen Reisemärchen gerade darin Männergeschichten, daß sie dem armen Hassan inmitten der Gefahr die Prinzessinnen im Federkleid herbeizaubern, die ihm nicht nur mit gutem Rat auf dem Weg zur Geliebten und zu Reichtum und Ansehen weiterhelfen, sondern ihn auch mit ihrem Speichel, süßer als Honig, erquicken. „Dein Wuchs hat mich bezaubert, dein weites Auge und dein Gesicht, das im Schönheitswasser perlt! Ich erblicke in dir die reizendste Gestalt. Die Hälfte deines Leibes ist von Rubinen, ein Dritteil von Diamanten, ein Fünfteil von Moschus, ein Sechsteil von Ambra, und du gleichst im ganzen einer Perle, nur bist du noch strahlender!" Trotzdem – der arabische Alchemist Ta'wid al Hakim beschreibt die Kunst seines Berufes noch so, daß sie nicht handelt „von Männlichem, mit dem nichts Weibliches ist und nicht von Weiblichem, mit dem nichts Männliches ist".

*Sundmann setzt Fraenkel als Erzähler ein, vielleicht gerade, weil er die wenigsten Notizen hinterlassen hat.

Der Wissenschaft des 19. Jahrhunderts gilt das Weibliche wenig. Sie ist auf dem Weg zur reinen Männerwirtschaft, einsam, wichtigtuerisch, mit Schärfe beobachtend und rechnend und mit erkaltender Liebe und abnehmender Intuition für die Dinge selbst. „Keine komplizierte Korbblume ist mystischer als die Knospe der Dynamomaschine aus Kupferfäden und Eisen" versichert sich und seinen Lesern der dänische Fortschrittschronist Johannes V. Jensen. Aber schon Jensens Zeitgenosse Pontoppidan beschreibt seinen Ingenieur Hans im Glück als einen Zweifler, der der Mischung aus technischem Optimismus und gutem Geschäft der Jahrhundertwende schließlich enttäuscht den Rükken kehrt und darauf verzichtet, ganz Dänemark mit einem Netz von Wind- und Wellenmotoren zu bestücken.

Intuition für die Dinge selbst, vielleicht auch eine spezifisch weibliche Intuition, leuchtet in der Frage auf, die mir ein noch nicht zehnjähriges Mädchen stellte: „Gibt es Dinge, die keinen Namen haben?" Die Antwort gab ich etwas zu prompt: „Dinge, die die Leute noch nicht entdeckt haben, haben keine Namen. Oder, als Dinge das erste Mal von Leuten gesehen wurden, hatten sie keine Namen." Dann kam das Aufhorchen: Wie waren denn die Dinge, bevor sie einen Namen hatten? Wie roch und schmeckte Honig, bevor er Honig hieß, wie sah er aus? Was war Wasser, bevor man es H_20 nannte und was war es, bevor es überhaupt Wasser hieß?

Es kann einem die Stelle aus Büchners „Lenz" dazu einfallen, wo Lenz sich vom Pfarrer Oberlin erzählen läßt, „wie er einmal im Gebirge durch das Schauen in ein leeres, tiefes Bergwasser in eine Art von Somnambulismus versetzt worden sei. Lenz sagte, daß der Geist des Wassers über ihn gekommen sei, daß er dann etwas von seinem eigentümlichen Sein empfunden hätte. Er fuhr weiter fort, die einfachste, reinste Natur hinge am nächsten mit der elementarischen zusammen; je feiner der Mensch geistig fühlte und lebte, um so abgestumpfter würde dieser elementarische Sinn; er halte ihn nicht für einen hohen Zustand, er sei nicht selbständig genug, aber er meine, es müsse ein unendliches Wonnegefühl sein, so von dem eigentümlichen Leben jeder Form berührt zu werden, für Gesteine, Metalle, Wasser und

Pflanzen eine Seele zu haben, so traumartig jedes Wesen in der Natur in sich aufzunehmen, wie die Blumen mit dem Zu- und Abnehmen des Mondes die Luft.

Er sprach sich selbst weiter aus, wie in allem eine unaussprechliche Harmonie, ein Ton, eine Seligkeit sei, die in den höheren Formen mit mehr Organen aus sich herausgriffe, tönte, auffaßte und dafür aber auch um so tiefer affiziert würde; wie in den niedrigen Formen alles zurückgedrängter, beschränkter, dafür aber auch die Ruhe in sich größer sei. Er verfolgte das noch weiter. Oberlin brach es ab, es führte ihn zu weit von seiner einfachen Art ab".

So schön Lenz da spricht, für Oberlin tut er es nicht, denn dem die eigene Erfahrung in Begriffe zu übersetzen, wie wäre das nicht ein Rückfall? Eher versucht einer durch Worte und Bilder zu beschwören, was er ahnt, aber nicht hat. Er tröstet sich damit, daß es ja kein hoher Zustand sei, aber das Wonnegefühl vermißt er doch schmerzlich. Die Dinge selbst machen oft genug ihr Dasein hinter der Idee, dem Wort, dem Bild, dem Begriff deutlich, etwa da, wo sie mit Macht kommen wie die Wüsten aus Sand und Stein, Wasser und Eis, die den ersten Expeditionen begegneten. Denn Wüste ist ja gleichzeitig Leere und sehr viel von einem. Einem Sandkorn, einem Wassertropfen wird man herablassend ins Gesicht sagen können, sie seien nichts als Oxide, vom Silicium im einen Fall, vom Wasserstoff im anderen. Einem Gebirge, einer Wüste, einem Ozean und einer Gletscherlandschaft gegenüber sind das unangemessene Anreden, sobald man ihnen nahekommt, was etwas anderes ist als das Bereisen mit dem Flugzeug, dem klimatisierten Geländewagen, dem Kreuzfahrtschiff. Man wird auch eher gegenüber dem Bakterium E. coli die Stirn haben, zu behaupten, Leben sei nichts als eine Abfolge allgemein makromolekularer und speziell enzymatischer Vorgänge als gegenüber einem Abenteurer, der die Welt kennt.

Diesen Beruf gibt es zwar kaum noch, aber gemeint ist, was Werner Herzog seinen Filmabenteurer Fitzcarraldo zum Kautschukbaron ungefähr so sagen läßt: „Gegenüber meiner Oper ist Ihre Wirklichkeit eine armselige Karikatur."

Das ist es: Gegenüber der Oper aus Wasser, Bäumen, Gletschern, Wüsten, Felsen, Wolken, Landschaften und dem Himmel darüber erscheint die stoffliche Welt in den Wänden des Laboratoriums als armselige Karikatur. Nicht, daß die fast allesamt weißen Pulver, die fast alle farblosen Flüssigkeiten keine Macht in sich hätten: Vom LSD bis zum Penicillin, vom Plutoniumdioxid bis zum Kaliumcyanid, von der Schwefelsäure bis zu den chlorierten Kohlenwasserstoffen ist konzentriert das Gegenteil demonstrierbar. Es fehlt dem Laborstoff das Besondere in der Gestalt wie in der Geschichte hinter der Gestalt, will man die Geschichte nicht mit dem standardisierten Herstellungsverfahren gleichsetzen. Kein Baum gleicht genau einem anderen, keine Wolke wiederholt sich, jede Landschaft spiegelt ihre Geschichte einschließlich der Narben in einem unverwechselbaren Gesicht wider, selbst wenn dieses Gesicht fast nur noch aus Narben besteht. Dagegen sind Benzol oder Toluol in allen Laboratorien der Welt zweckgerecht gleich.

„Wir richten es ja in der Tat so ein", schreibt Henri Bergson, „daß wir zwischen den Dingen trotz ihrer Verschiedenheit Ähnlichkeit finden, und trotz ihrer Unbeständigkeit beständige Ansichten von ihnen gewinnen. So erhalten wir Ideen, an die wir herankönnen, während uns die Dinge selbst unter den Händen entgleiten. Alles dies ist vom Menschen gemacht."

Insofern sind die pro-analysi-Chemikalien – dies, um einen hohen Reinheitsgrad zu benennen – beständige Ansichten vom Stoff, zeitlose Verallgemeinerungen und treffen ihn doch nicht, mögen ihre Formeln für den Spezialisten auch eine Oper bedeuten, so wie für den Kautschukbaron seine Bilanzbücher Oper genug sind, wogegen er aus der indianischen Bedeutung „weinendes Holz" für seinen Geschäftsstoff nichts machen kann.

Andererseits hat selbst der totgewalzte Kautschuk – dies ein alter treffender Fachausdruck aus der Kautschuktechnologie – noch ein wenig Leben in sich. Pulverisiert und granuliert, sozusagen kleingemacht, ist er noch nicht, auch nicht hochgereinigt. Etwas erinnert noch an den Kautschuk, wie ihn die Spanier zum ersten Mal gesehen haben müssen, als er ihnen in Form von auf- und niedertanzenden Bällen, mit denen die Indianer spielten, vor Augen kam. Solche Bälle hatten sie bis dahin nicht gekannt.

Ein Abenteurer, der Kautschuksamen aus Brasilien herausschmuggelte (1876)

Für einen näheren Umgang mit stofflichen Objekten ist das Spielzeug kein schlechtes Beispiel, wo man weniger beherrscht und besser begreift, indem man es anfaßt, darüber ein vertrautes Verhältnis zu ihm herstellt, aus ihm mit Hilfe der Phantasie andere Gestalten herausholt, vielleicht mit ihm spricht. Das fordert Voraussetzungen hinsichtlich der Gegenstandswahl wie

Voraussetzungen hinsichtlich der Wahrnehmungsfähigkeit. Zum ersten Teil ist schon einiges genannt worden: Beim Gegenstand ist es gut, wenn er noch so weit heil ist, daß er ein Individuum bleibt, ein Spezielles gegenüber allen Verallgemeinerungen enthält, eine Geschichte hat, so wie sich in der Maserung des Holzes die fetten und mageren Jahre erhalten haben, die in Cellulose und Lignin verlorengegangen sind. Es kann eine Geschichte sein, die mit der Menschengeschichte eng verbunden ist: Bei den Maoris hatten viele Schmuckstücke Werkzeugformen, und die Werkzeuge waren reich geschmückt und gleichzeitig Gegenstände der Verehrung, weil in ihnen die Kraft der Ahnen manifest geworden war.

Geschichte des Gegenstandes kann auch heißen: Fähigkeit zur Geschichte, Wandlungsfähigkeit. In einem amerikanischen Lehrbeispiel – auch das nur für die Kleinen reserviert – wird die Veränderung von Schneewehen untersucht; afrikanische Kinder bringen Farben in Wasser ein und beobachten, wie sich Schlierenwolken bilden und verändern. Ein Waldorflehrer im Ruhrgebiet lehrt seine Schüler, Wasser ein paar Stunden stehen zu lassen, bis alle Strömungen beruhigt sind und dann einem niedersinkenden Farbtropfen nachzusehen. Der verdünnt sich nicht diffus in alle Richtungen gleichmäßig, wie man vorher glauben möchte.

Es kann sich lohnen, solche Dinge aus dem Schonraum für Kinder in die Welt der Erwachsenen herüberzuretten, Erstunterricht noch einmal für Erwachsene oder Heranwachsende zu entwerfen, Sachunterricht ohne Bevormundung der Sache.

Statt der ausschließlichen Vorführung von Reinchemikalien probieren wir* Begegnungen mit Stoffgemengen in Form von Miniaturlandschaften, ähnlich denen, die Kinder im Matsch oder – in einem afrikanischen Curriculum – im nassen Sand bauen. Nur formen wir solche Landschaften aus Hefe** und ihren Nährstoffen. Taktile, ästhetische und messende Umgangsweisen wer-

*Zusammen mit P. Nentwig, W. Dabringer und W. Walgenbach.

**Wird im Kapitel „Stoff als Landschaft und Haus" ausführlich dargestellt.

den einander an die Seite gestellt. Die Landschaften werden als atmend, Krater und Blasen bildend, über die Ufer tretend und andere Stoffe erzeugend erlebt, sie sind eßbar. Damit kommt eine weitere Dimension hinzu: die direkte und körperliche Beziehung zu Stoffen, die den Menschen, der sie sich aneignet, einverleibt, momentan oder dauerhaft verändern. Das abgegriffene Wort „Lebensmittel" bekommt einen anderen Klang und kann auch über Essen und Trinken hinausgehen: In einer Gasse in der Altstadt Jerusalems überwältigte mich in der Straße der Gewürzhändler die eigene Atmung, die Luft wirkte sehr leicht, nachdem sie in den Gassen, wo Leder, Fleisch und Obst ausgestellt war, schwer schien, ein wenig ranzig und süßlich, eine Spur faulig, jedenfalls zum unbewußten flachen Atmen gezwungen hatte. Für das alles gibt es noch keine Symbole und Zeichen, auch die Wahrnehmung ist ungetrübt. Wahrnehmen hieße hier so etwas wie: Zum ersten Mal erleben, eine gewohnte Sache neu sehen, etwas als ganz dicht empfinden. Wie kann man das, wenn man den Dingen schon ungezählte Male begegnet ist und die Kategorien der Wahrnehmung bereits alle im Kopf hat? Man weiß nicht mehr, wie die Dinge aussahen, bevor sie einen Namen hatten.

Der Belgier Magritte malt eine Pfeife. Jeder, der das Bild sieht, würde sagen: Das ist eine Pfeife. Magritte schreibt daher auf die Leinwand: Dies hier ist keine Pfeife (Ceci n'est pas une pipe). Mühsam erinnert sich mancher daran, daß das Bild von einer Sache nicht die Sache ist.

Der Riß in dem Bild, der den Gegenstand dahinter durchscheinen läßt, kann auf einen kleinen Anlaß, einen Irrtum sogar, zurückgehen. In englischen Schülerprotokollen fand ich Namen für Stoffe falsch geschrieben, shuger zum Beispiel für Zucker. Im Deutschen könnte an der Stelle Dsugher stehen oder an einer anderen Sallts. Ich plädiere für das maßvolle Üben solcher falscher Schreibweisen angesichts des Stoffes. Den wieder läßt das fast unberührt, und gerade das kann erhellend sein, es gibt ihn auch außerhalb der Rechtschreibung. Der Schreibfehler unterstreicht, daß da noch eine andere Wirklichkeit hinter den Namen, Begriffen, Formeln existiert. Wer weiß, ob sich in der übertriebenen gesellschaftlichen Ächtung schlechter Orthographie nicht die Angst vor den Dingen diesseits der Festschreibungen ausdrückt. Oder auch umgekehrt: Vielleicht drückt sich in der Unbekümmertheit des Kindes gegenüber der Rechtschreibung neben mangelnder Übung echte Interesselosigkeit aus: Es ist ja bei den Kindern noch nicht lange her, daß sie die Dinge so neu gesehen haben, daß denen gegenüber die Buchstaben zunächst belanglos wirken mögen. Die Lehrerin kann noch so lange sagen: „Dies ist ein i wie in Iiiiigel." Astrid Lindgrens Pippi Langstrumpf findet, das sei ein gerader Strich mit einem Fliegendreck darauf, von dem sie erst noch wissen möchte, was er mit dem Stacheltier zu tun hat. Den Buchstaben für bare Münze zu nehmen, erzählte mir ein Psychologe*, findet sich in der Psycho-Pathologie: Es gibt Kranke, die die Speisekarte essen, als wäre sie ein Menü.

Demgegenüber lassen sich verschiedene Arten erfinden, den Stoff neu zu schmecken, ein ungewohntes und auch näheres Verhältnis zum Naturding einzugehen. Versuche, sich zu identifizieren, sind eine Möglichkeit, die in dem Gedicht des kleinen Engländers über den Stein im Fluß geglückt schien. Nachahmen ist eine andere Möglichkeit: In einem afrikanischen Curriculum saugen Kinder durch einen Strohhalm aus einer Limonadenflasche, um zu ahnen, wie es einer Pflanze in der Trockenheit geht. Die letzten Tropfen erfordern die größte Anstrengung. Die Übung erfüllt wohl nicht den niedergeschriebenen Anspruch, Adsorptionsgleichgewichte zu erklären, aber sie führt vielleicht die Kinder und die Pflanzen für einen Augenblick näher zusammen. In einem Curriculum von den Salomon-Inseln werden die Gegenstände gefragt; die Kapitelüberschriften heißen: Frage die Pflanzen, frage den Magneten, frage die Luft, frage die Farben, frage den nassen Sand, frage die Waage.**

In einem Unterricht zum Thema Wasser sagt ein afrikanischer Schüler über seine kleine Schwester: „Wenn Ngozi mit Wasser

*R. Rimmele

**Mehr dazu findet sich im Kapitel „Naturwissen für Kinder und arme Leute".

Die Seifenblase des Clown Pic

spielt, ist sie lange Zeit glücklich. Ich habe es gern, wenn ich Seifenblasen für sie mache." Die Kinder hören zu, welche Geräusche Wasser macht, spielen mit Matsch. Glück, Zufriedenheit, Ruhe sind Kategorien der Wahrnehmung von Stoffen. Sie setzen Muße voraus. Für einen Erwachsenen ist das alles eher genierlich. Im Zirkus Roncalli dagegen applaudieren die Erwachsenen begeistert, wenn der Clown Pic mit Seifenblasen* spielt. Aber da ist das erlaubt – im Zirkus. An das Matscherlebnis denken einige vielleicht einmal, wenn sie in einem Töpferkurs die Luft aus dem Ton schlagen, aber während sie daran denken, haben sie das Erlebnis nicht mehr, überhaupt: Für was ist der Töpferkurs Ersatz?

Selbst der Junge, der schon bei den Seifenblasen angelangt ist, sieht den Wassergenuß seiner Schwester von ferne, weiß nicht mehr so recht, was eigentlich das Mitreißende war an diesem Wasser. Gewiß, angenehm ist es immer noch. Etwas ferner

*Aus abgestandener Kernseifenlösung lassen sich mehr als kürbisgroße Blasen machen.

noch wartet der ernsthafte fremde Entwicklungshelfer zusammen mit dem einheimischen Lehrer darauf, daß die Wasserlust in den systematischen Bau von Bewässerungsanlagen kanalisiert werden kann. Undenkbar eine Gesellschaft, wo man Seefahrt aus der Lust am Wasser und den Wolken betriebe und wo man erst danach – weil es das Vergnügen noch erhöht – Güter für die am anderen Ufer transportieren würde. Nicht nur, daß dies dem global herrschenden Prinzip des rastlosen Zwangs zum Geschäftemachen zuwiderliefe, während gleichzeitig – darin eingeschlossen – Kreuzfahrtschiffe und Segelyachten leerlaufen. Nicht nur, daß angesichts von Hunger und Armut die Forderung nach dem Luxus zeitverschwenderischer Wahrnehmung als Verhöhnung gegenüber dem physischen Elend zurückgewiesen würde. Die Fähigkeit zu dieser Art von Wahrnehmung selbst ist weitgehend verschüttet, und es ist aus guten Gründen daran zu zweifeln, daß selbst ein vorerst hypothetischer gleichverteilter ökonomischer Überfluß sie ohne weitere Übung zurückbringen würde, so automatisch im Gepäck der guten Voraussetzungen.

Zipfel dieser Wahrnehmung der Dinge haben die meisten gehabt. Auf Waldspaziergängen, Segeltörns, in Malkursen und Meditationen wird danach gesucht, einige verschaffen sich Stücke davon über Drogen, sozusagen mit Gewalt. Der Chemiker und gelegentliche Ballonfahrer Albert Hoffmann, der in der Schweizer Fabrik Sandoz zum ersten Mal LSD gewann und auch selber nahm, schrieb über die guten Erlebnisse: „Ein Teil des Ich geht in die Außenwelt, in die Dinge über. Sie beginnen zu leben, bekommen einen tieferen Sinn." Daneben gab es auch den Horror; beides, sagt Hoffmann, ist von den Chemikalien nicht erschaffen, sondern nur ausgelöst.

Da mag es sinnvoll sein, nach harmloseren Auslösern und sicherer umgrenzten Ereignissen für die Wahrnehmung zu suchen, im Alltäglichen oder besser im Allnächtlichen anzuknüpfen. Ich meine hier, nach Vorbildern den Traum zu üben. Es ist eine dort gewohnte Sache, daß ganz anders gedacht und zugleich empfunden wird, Vieldeutigkeiten zugelassen sind, Widersprüche entspannt nebeneinander stehen bleiben und die ganze Szenerie überhaupt aus bewegten Bildern besteht, mehr als aus Worten und Begriffen. Es ist eine Entspanntheit da, wie sie in die neuzeitlichen Naturwissenschaften erst spät gekommen ist: Licht ist Materie und doch wieder nicht; Licht ist Energie und doch wieder nicht. Auch die Selbstzensur ist gemildert: Wer ist nicht schon nach dem Aufwachen betroffen gewesen über die Deutlichkeit, mit der sich die eigenen Ängste, Eitelkeiten und Sehnsüchte offenbart haben? Unter der Traumverkleidung ist einiges offener und sensibler. Was hat das mit nahen Beziehungen zum Objekt zu tun, wie weit kann der Traum überhaupt eine Methode der Wahrnehmung werden?

Gehen wir zurück zu den Wünschen des schon erwähnten und für viele stehenden französischen Chemielehrers Bachelard, der sich über die Sphärenmusik lustig machte. Er will die (Natur-) Wissenschaft zur Grundlage der Volkserziehung gemacht sehen. Dem stehe entgegen, daß der „Wille zum Geist ganz offensichtlich kein gesellschaftlicher Wert ist." Daher müsse man das wissenschaftliche Denken gegen die Lebensinteressen durchsetzen: „Was dem Leben dient, macht es unbeweglich. Was dem Geist dient, setzt ihn in Bewegung. [...] Die Psychoanalyse des wissenschaftlichen Geistes muß sich gerade damit befassen, diese beiden Gegensätze zu unterscheiden, den Einklang des Geistes mit den Lebensinteressen zu zerbrechen." Das mag in sich konsequent sein, aber es wird der wissenschaftliche Geist nur von einer Seite erfaßt, und auch die Psychoanalyse war so nicht gemeint. Sie befaßte sich gerade damit, das lebendig bewegliche Unbewußte mit dem urteilenden Bewußten zusammenzubringen und *beide* zu einer Synthese zu führen. Der hier angesprochene wissenschaftliche Geist ist als der reine Intellekt der Subjekt-Objekt-Trennung gedacht, wie ihn Bachelard als Lehrender aus der Organisation fertigen Wissens herausliest. Dagegen ist im Prozeß der ersten Wahrnehmung des Gegenstandes durch den Forschenden einiges an unbewußter Objektbeziehung, Intuition, unlogischen, aber fruchtbaren Analogien versteckt enthalten. Auch die neuere Geschichte der Naturwissenschaften hat da noch Beispiele.

Bachelard und alle Vertreter seiner Auffassung von Wissenschaft haben von einer undurchsichtigen Fee, in der sich das

Geschäftliche mit einer rein rationalistisch aufgefaßten Aufklärung gut zu vereinen wußte, nicht nur das Fernsehen geschenkt bekommen. Sie haben auch ihre Art unbalancierter Wissenschaft als Grundlage der Volkserziehung in Schulen, Berufsschulen, Lehrwerkstätten und Umschulungskursen erhalten, im Verbund damit auch die in Kognitionspsychologie umbenannte Psychoanalyse des wissenschaftlichen Geistes. Freuds Nachfolger sind – in Wien wie woanders – beiseite gedrängt worden von Mathematikern, die sich auf die Umsetzung von Gedächtnisleistung, Abstraktionsfähigkeit, Bewältigung von Zeichenvielfalt, Problemlösungsstrategien und Lernzuwachs in Daten spezialisiert haben.

Wer die auf der Grundlage der beschriebenen Wissenschaft aufgebaute Volkserziehung mit Erfolg durchlaufen hat, ist seine Beziehung zum unbewußt Mehrdeutigen losgeworden zugunsten einer präzisen Rationalität des mathematischen Entweder-Oder. Aber am Ende steht er womöglich da wie der Peter Schlemihl, der sich seinen als wertlos verkannten Schatten hat abkaufen lassen. Er kann nun seinen Gewinn einheimsen, da ist kaum ein Schatz, den ihm die Natur nicht herausgeben müßte, und zugleich ist ihm alles fremd und er allem, die Gesamtheit der Dinge eine Öde aus Zahlen. So, wie der Peter Schlemihl seinen Schatten für die gewonnenen Schätze nicht zurückkaufen kann, so schwierig scheint es, die einmal abgebrochene Beziehung der Bewußtheit zum Unbewußten wieder aufzunehmen. Mit Anstrengungen des wissenschaftlichen Geistes ist dahin schlecht zu kommen, so, wie dem Schlaflosen die Einsicht, daß ihm der Schlaf nicht kommt, wenig nützt, der intellektuelle Beschluß, nun endlich schlafen zu wollen, eher das Gegenteil bewirkt.

An der leichtfertigen Lossagung vom Schatten, der allgemeinen Geringschätzung der unbewußten Wahrnehmung, ist die Freudsche Schule nicht ganz unschuldig. Das Unbewußte und seine Symbole treten in der klassischen Psychoanalyse vorwiegend in Verknüpfung mit psychischen Bedrängungen auf, was ihnen den Charakter des Finsteren verleiht. Zur helleren Seite – dem Unbewußten im Dienst der Wahrnehmung – sowohl im Sinne des intensiveren Gewahrwerdens (Objektnähe) als auch im Sinne des Erkennens und Darstellens (entsprechende Verwendung von Traumelementen, insbesondere von Bildsymbolen) ist wenig veröffentlicht worden.

Eine Ausnahme aus dem Kreis um Freud bieten die Arbeiten des Psychoanalytikers Herbert Silberer. Silberers Objekte sind zwar nicht stofflicher Natur, sondern Gedankeninhalte von Vorstellungen bis hin zu theoretischen Begriffen, aber seine Methode reizt dazu, sie auf den Umgang mit materiellen Gegenständen zu übertragen. Kernstück der Methode bilden Tagträume, bei denen die wache Komponente mit der Komponente des Schlafs etwa im Gleichgewicht ist. Ein solcher Tagtraum leistet mehr als die gesteuerte Illustration von Gedanken, so, wie wir immer unsere Gedanken bebildern, in erinnerten oder vorausgedachten Gesprächen die Gestalt unseres Gegenüber als vages Bild mit dabei haben oder selbst Zahlen in ihrer gestalthaft ausgeschriebenen Form denken. Der Tagtraum hier bewirkt auch nicht die Auslieferung an wirbelnde Szenen überbordender Bilder wie im Schlaf, wo der auslösende Gedanke oder das Problem in den Hintergrund geraten, nach dem Erwachen auch das meiste schnell vergessen ist, sofern man das Aufschreiben nicht übt. Die Methode besteht darin, solange über einen Gegenstand nachzudenken, bis man müde und erschöpft ist und nicht weiter denken kann und mag, sich dann in die entstehende Bilderwelt gerade so weit fallen zu lassen, daß man einerseits nicht einschläft, andererseits die Bilder nicht mehr durch zu wache Aufmerksamkeit lenkt und stört. Nehmen wir eines von Silberers Beispielen, veröffentlicht 1909, das gar nicht sensationell ist, aber die mögliche Fruchtbarkeit der Methode illustriert: „Im schlaftrunkenen Zustande denke ich über einen abstrakten Gegenstand nach. Z. B. über das Wesen der transsubjektiv (für alle Menschen) gültigen Urteile. Der Kampf des aktiven Denkens mit der hemmenden Schlaftrunkenheit beginnt, die letztere wirkt stark genug, um das normale Denken zu unterbrechen und in dem eintretenden Dämmerzustande das autosymbolische Phänomen entstehen zu lassen. Mein Gedankeninhalt stellt sich mir mit einem Mal als anschaulich plastisches (für einen Augenblick scheinbar reales) Bild dar: ich sehe einen mächtigen Kreis (oder eine durchsichtige Sphäre) in der Luft schweben, in welchen alle Menschen mit ihren Köpfen hineinragen. In diesem Symbol liegt so ziemlich alles ausgedrückt, was ich mir dachte. Die Gültigkeit des transsubjektiven Urteiles betrifft alle Menschen ohne Ausnahme: der Kreis geht durch alle Köpfe. Diese Gültigkeit muß ihren Grund in etwas Gemeinsamem haben: Die Köpfe gehören alle derselben, homogen aussehenden Sphäre an. Nicht alle Urteile sind transsubjektiv: mit den Leibern und Gliedmaßen befinden sich die Menschen außerhalb (unterhalb) der Sphäre und stehen als getrennte Individuen auf der Erde. – Im nächsten Moment (ich schlafe nicht ein) erkenne ich das Bild als Traumbild; den Gedanken, der es erzeugt hat, den habe ich momentan wohl vergessen, doch nun fällt er mir wieder ein, und ich agnosziere die Erscheinung als autosymbolisches Phänomen."

Da Silberer nicht einschläft, kommt ihm das Bild auch nicht abhanden oder unvermittelt ohne das gleich dahinterstehende Problem daher. „Silberer hat die Umsetzung von Gedanken in Bilder gleichsam in flagranti erhascht", schreibt Freud dazu. Das Symbol ist weder richtig noch falsch, sondern einfach da und vieldeutig im Sinne von: es muß von vielen ausgedeutet werden, soll es seinen ganzen möglichen Bedeutungsumfang entfalten. Es kann für jemanden, der es gar nicht hervorgebracht hat, in anderer Weise erhellend sein als für den Träumer. Den Kreis als Kreis aufzufassen, bedeutet lediglich eine Zuordnung: Intersubjektivität ist eben eine Sache der Köpfe und nicht der Leiber. Den Kreis als Sphäre zu sehen, kann eine Trauer über die Trennung von Geist und Körper enthalten. Den Kreis als Blase zu sehen, kann eine Ablehnung enthalten: Intersubjektivität ist eine schillernde Kategorie, manchmal ein Hirngespinst. Emotionale Beteiligungen gehören zur Symbolisierung dazu, denn sie kann gar nicht wertfrei sein: Das echte Symbol – im Gegensatz zum überlegten und vereinbarten Zeichen – hat deutliche Ursprünge im Unbewußten wo „Gefühle und Begriffe nicht so reinlich gesondert, eventuell sogar eins sind", wie Silberer zustimmend C. G. Jung zitiert. Auch Ablehnung oder Zustimmung gehören zur Nähe zum Gegenstand.

Die Symbolbildung mag – im konventionell begrifflichen Sinne – rückschrittlich oder eben auch – im psychoanalytischen Sinne – regressiv sein, als sie sich vom Wachzustand in die Intuition, den Halbtraum, die plötzliche Entspannung zurückzieht. Sie ist in ihrer Möglichkeit fortschrittlich, sich an Problemen zu versuchen, für die die Begriffssprache kein genügendes Instrumentarium entwickelt hat, wo – so Silberer – "der Mensch geistig nach etwas greift, was seiner Fassungskraft noch zu ferne ist."

Mit der halbwachen Ahnung umzugehen, die Nicht-Rationalität zeitweilig zuzulassen, das macht dem aufgeklärten Geist Schwierigkeiten. Daß man auch außer sich gewesen sein muß, um nachher besser bei sich zu sein, will schwer in den Kopf. Da ist kein Verhältnis zu unkontrollierten Zuständen. Ist von Aufklärung die Rede, wird die Entdeckung des Unbewußten nicht dazugerechnet, wird leichtsinnig durch Aussparen das Feld der politischen Reaktion überlassen, die außer der finsteren Seite auf Dauer nichts hervorbringt.

Es wäre wichtig, Silberers Methode daraufhin zu prüfen und eventuell auszuarbeiten, wie sie Bilder zu Dingen und dinglichen Prozessen unmittelbar liefert, ob sie für die Dinge und Stoffe selbst und für deren Bewegung eine Wahrnehmungs- und Ausdrucksform bereithält. Birgt sie Möglichkeiten zur Entwicklung einer „Seele", für „Gesteine, Metalle, Wasser und Pflanzen", um Büchners Formulierung wieder aufzunehmen? Wenn es zutrifft, daß Symbole ihre Herkunft da haben, wo Gefühle und Begriffe nicht so reinlich gesondert, eventuell sogar Eins sind, könnte das Problem der ganzheitlichen Erfahrung erst einmal hier im kleinen behandelt werden. Das Thema der Symbolerzeugung (nicht der Symbolanalyse) wäre eine Miniaturisierung der breiten, oft durch zuviel auf einmal belasteten Diskussion um Probleme der fehlenden Ganzheit, der fehlenden Einheit von Begrifflichkeit und Emotionalität, der Notwendigkeit, Poesie in den Naturumgang zu bringen. Mit Miniaturisierung ist gemeint: Das Problem ist, ohne daß eine Reduktion durch Wegschneiden wesentlicher Komponenten stattgefunden hätte, kleiner, dichter und handhabbarer geworden.

Die Möglichkeiten, die im nach vorne gerichteten Bilder-Tagtraum, in der Nachahmung und der versuchten Identifikation stecken, erfordern praktische Übungen am tatsächlichen Objekt. Mit weißen Pulvern und farblosen Lösungen wäre die Objektwahl schlecht getroffen. Ich habe berichtet über Experimente mit Hefelandschaften. Eine andere Anordnung arbeitet mit der Konzentration auf Gerüche.* Die entsprechenden ätherischen Öle werden auf einfache Weise selbst hergestellt. Eine andere Anordnung arbeitet mit der Erfragung von Sympathie-Rangfolgen für funktionslose stoffliche Objekte, Stücke aus verschiedenen Hölzern, Metallen und Kunststoffen. Die Sympathien werden im wesentlichen beeinflußt von Ansehen, Anfühlen, Riechen und von Assoziationen, die sich zu dem betreffenden Stoff einstellen. Ich wurde bei einer ersten Gelegenheit von den Befragten daran erinnert, daß Metalle einen Geruch haben, daß man ein Stück Messing als behäbig bezeichnen kann. Eine weitere Anordnung versucht, die Silberer-Methode auf Objekte anzuwenden. In einem Fall halten Teilnehmer** eine faustgroße schwarze Kugel aus massivem Glas in der Hand, deren Oberfläche sie mit Hilfe von Halbtraumbildern „durchstoßen" sollen. Einige sehen in der Kugel etwas Nasses, eine feuchte Höhle, ein Meer oder ähnliches, was nun wirklich nicht gleich damit korreliert werden soll, daß Glas in der Tat als feste, unterkühlte Flüssigkeit systematisiert worden ist. Jemand anderes versteht nicht, wie sie hineinkommen soll, bis sie ihr Spiegelbild sieht und empfindet, daß sie „ja schon drin" ist. Andere fühlen sich unbehaglich bis hin zum Herzklopfen, in das schwarze, glänzende Ding hinein zu sollen. Vielleicht ist das Objekt unglücklich, gar leichtsinnig gewählt. Andererseits: In der Nähe des Kieler Bahnhofs, und sicher auch woanders, gibt es einen braunschwarzen Versicherungsturm mit braunschwarz verspiegelten Glasscheiben. Da gehen Leute ganz körperlich hinein. Bekommen ein paar Emp-

*Ausführlich berichtet im Kapitel: „Düfte und Gerüche".

**An dieser Stelle danke ich Dr. Anne Frommann, Tübingen, und den Teilnehmern ihres Seminars zur Psychologie der Wahrnehmung (siehe auch Kapitel: „Erziehung zur Müdigkeit").

findliche Herzklopfen, das gar nicht nur mit der Arbeit und dem Vorgesetzten zusammenhängt? Sollte solche Empfindsamkeit abgewöhnt oder geübt werden?

Bei all diesen Beispielen, die erweitert werden müssen, vor allem durch Konfrontation mit Objekten draußen, wo die bei sich zu Hause sind, wird ganz bewußt von Anordnungen gesprochen, weil sie Möglichkeiten enthalten, aber nicht unbedingt wirksam werden müssen. Es ist ähnlich wie mit den Sitzordnungen in der Eisenbahn. In den Großraumwagen beider Klassen, wo die Sitze wie im Flugzeug nebeneinander angeordnet sind, kann man leichter aneinander vorbeisehen als im Abteil mit gegenüberliegend angeordneten Sitzen, wo sich schon mal eine Unterhaltung zwischen Fremden ergibt, nicht ergeben muß. So sollen die Anordnungen der hier beschriebenen Art helfen, einen Naturumgang und ein Naturwissen zu erschließen, an denen der ausgestoßene Poet in uns seine Freude haben kann. Auf die Weiterentwicklung der Naturwissenschaften bezogen, geht es darum, sie um eine verschüttete Dimension zu ergänzen. Unter einem Titel „Umgang mit Stoffen" zum Beispiel, für den ich lieber plädiere als für ein Schullehrfach „Chemie", hätte diese einen weniger erdrückenden Rang. Die andere Seite des Umgangs, die sozusagen hinhörende, nicht gleich auf einen praktischen Zweck bedachte, scheinbar zeitverschwenderische, nicht bewertbare und träumerische, erfordert Geduld, nicht nur bei denen, die sich damit befassen, sondern auch bei denen, die zwar Träume haben, ihnen aber nicht zu viel Bedeutung einräumen wollen.

Das nacherzählte kurze Märchen von der wunderbaren Erfüllung eines Traums, noch einmal und jetzt zum Schluß aus 1001 Nacht, handelt von beiderlei Geduld und einigem mehr:

Ein vormals reicher Kaufmann aus Bagdad hatte in den täglichen Geschäften solche Verluste erlitten, daß er plötzlich mit Schulden dastand. Da sagte ihm ein Traum des Nachts, er solle nach Kahirah gehen, dort werde er seinen Lebensunterhalt finden. Er reiste hin und legte sich, weil er kein Geld für eine andere Unterkunft hatte, zum Schlafen in die Moschee nieder. Dort wurde er von den Stadtwächtern, die nach Dieben suchten, ergriffen, vor den Hauptmann der Stadtwache geführt, verprügelt und ins Gefängnis geworfen. Nach drei Tagen fragte ihn der Hauptmann, woher er wäre und was er in Kahirah täte. Er antwortete: „Ich bin aus Bagdad hierher gekommen, weil mir ein Traum sagte, ich würde hier meinen Lebensunterhalt finden. Nun fand ich Prügel, die Du mir zuteilen ließest." Der Hauptmann der Wache lachte so herzlich, daß er alle Zähne zeigte und rief: „Was für ein Unverstand! Einem Traum hinterherlaufen! Mir sagte ein Traum: Gehe nach Bagdad in das Stadtviertel Soundso, zu einem Haus, das soundso aussieht, in dessen Innenhof ist ein Gärtchen mit einem Pistazienbaum, darunter ein Schatz, den Du nehmen sollst. Und doch bin ich hiergeblieben." Dann gab er dem Kaufmann einen Beutel Münzen für den Rückweg. Der reiste damit nach Bagdad und hob den Schatz. Denn der Pistazienbaum war kein anderer als sein eigener.

LITERATUR

BACHELARD, G.: Die Bildung des wissenschaftlichen Geistes – Beitrag zu einer Psychoanalyse der objektiven Erkenntnis. Frankfurt: Suhrkamp, 1978, S. 358, 361 ff.

BARTHES, R.: Mythen des Alltags. Frankfurt: Suhrkamp, 1981, S. 79–81.

BERGSON, H.: Die beiden Quellen der Moral und der Religion. Jena: Diederichs, 1933.

BÜCHNER: Lenz

Curricula aus verschiedenen Ländern: in der gleichen Reihenfolge wie im Text: JARVIS, A.C.E.: Science Teaching Booklet – Stories and Poems, Yundum College, Gambia, o. J. – Schools Environmental Studies Project: Starting from Rocks. London: Hart Davis, 1973, S. 67–69. – National Wildlife Federation – Minnesota Environmental Sciences Foundation: Snow and Ice, (Teachers' Guides). Nairobi: Ministry of Education, 1975. – Programmed Learning Project: BALOGUN, T.A.: Water Relations of Plants. Ibadan (Nigeria): University of Ibadan, Nigeria Institute of Education, 1986. – Solomon Islands Environmental Approach to Science. Solomon Islands Teachers' College – Ministry of Education and Cultural Affairs, 1976.

FREUD, S.: Die Traumdeutung. Frankfurt/Main: Fischer, 1972.

Hoffmann, A.: LSD – mein Sorgenkind. Stuttgart: Klett-Cotta, 1979.

JENSEN, V. J.: Die neue Welt. Berlin: Fischer, 1908.

MINSSEN, M.: Facetten zu einem Programm, einige Möglichkeiten der Poesie für Wissenschaft von der Natur wiederzugewinnen. In: DAXNER, M., BLOCH, J. R., SCHMIDT, B. (Hrsg.): Andere Ansichten der Natur. Münster: SZD-Verlag, 1981, S. 260–282.

PONTOPPIDAN, H.: Hans im Glück (Lykke-Per). Berlin: Aufbau Verlag, 1971.

RUSKA, J.: Arabische Alchemisten. Wiesbaden: Sändig, 1977.

SILBERER, H.: Bericht über eine Methode, gewisse symbolische Halluzinationserscheinungen hervorzurufen und zu beobachten. Jahrbuch für psychoanalytische und psychopathologische Forschungen. 1909, I, S. 513–525.

SILBERER, H.: Über die Symbolbildung. Jahrbuch für psychoanalytische und psychopathologische Forschungen, 1912, 3/II. Hälfte, S. 661–723.

SUNDMANN, P. O.: Ingenieur Andrées Luftfahrt. Zürich, Einsiedeln, Köln: Benziger, 1969.

Intermezzo

Die Suche nach dem in aller Herren Länder Schulen vermißten Orient – ein Aufbruch zu zwei Kapiteln voll Mühe und Arbeit

Dieses Märchen mit dem Pistazienbaum vom Ende des letzten Kapitels gibt auch ein Beispiel dafür, wie jemand aus der von ihm selbst erzählten Geschichte für sich nichts lernen kann. Wem kommt das nicht bekannt vor?

Das zweite Beispiel stammt aus Peru, Orient im Sinne Francisco Pizarros, wo die, die er Inder nannte, noch heute gut die Hälfte der Einwohner ausmachen. Da tritt uns der Hauptmann der Wache von Kairo in Gestalt des zentralen Lehrplans entgegen, hier in Lima geboren und mit einheitlichem Geltungsanspruch antretend für die Gebiete der Küstenwüste, die Gebiete des östlichen Urwalds und die Hochebenen der dazwischen liegenden Anden. Dieser Lehrplan also führt gleich vorneweg unter den vielen zur Schau gestellten guten Absichten auf, es solle die Achtung vor der belebten und unbelebten Natur vermittelt werden. Unbelebte Natur heißt im Spanischen schöner, nämlich „seres inertes", träges Sein in der Mehrzahl, als handle es sich doch um ein Leben, wenn auch um ein zähflüssiges, gemächliches und kunstloses*.

En gros aufgestellte Ideale werden im Detail leicht verraten und schlagen ins Gegenteil aus, so auch hier. Als Schülerxeperiment zum Thema des Zusammenhangs von Ursache und Wirkung allgemein, und der Wechselwirkung von Lebewesen mit Wasser und Luft speziell, empfiehlt der Lehrplan: „In ein Fläschchen (pomito)** bringen wir Insekten und beobachten, daß sie

*Den Fingerzeig auf die Nicht-Kunst in „inerte" verdanke ich Andrea Popp.

**Zärtliche Verkleinerungen sind im Castellano, dem südamerikanischen Spanisch, besonders beliebt.

in einigen Tagen an Luftmangel sterben. Daraus schließen wir, daß die Tiere Luft zum Leben brauchen, daß sie atmen." In einer ungarischen Schulstunde wurde zum Erreichen der gleichen Erkenntnis eine Maus in einen Kolben gesetzt und dieser mit einer Vakuumpumpe verbunden. Es war ein Leck im System, und der Lehrer verzichtete darauf, das Leck aufzuspüren, rettete vielmehr sich und die Maus mit der zweifelhaften Bemerkung, die Maus sei von der falschen Art. Diese Beispiele sind krass und wohl auch nicht häufig, aber sie stehen doch als Gleichnis dafür, daß eine mechanistisch betriebene Aufklärung die Dinge tot macht. Ein gemeinsamer Erlaß der jeweiligen Kultusminister, in Zukunft reinen Aberglauben der Art zu lehren, daß Steine Blut und Wasser schwitzen könnten, wäre näher am Ziel, Achtung vor der Natur, sei sie nun lebhaft oder träge, einzuflößen.

Der peruanische Lehrplan hätte besser daran getan, die Geschichte einheimischen Naturwissens zu erzählen, nach dem der Regen an die fünfzehn Namen hat, je nachdem, ob er stark und kurz daher kommt oder sanft und vom Wind begleitet, ob Sonne und Regenbogen dabei zu sehen sind, ob es ohne Unterlaß oder mit Unterbrechungen regnet, nachts oder am Tag.

Mit „Orient" meine ich also über das Geographische hinaus den Reichtum an vergangenen und künftigen Erfahrungen, das Gespür fürs einmalig Angetroffene wie auch eine heitere Skepsis gegenüber schwerem Gepäck an mitgeführten Plänen und Systematiken.

Da nicht mehr aus Märchen oder Geschichten gelernt wird, wo es Meistererzähler und aus freien Stücken gekommene und bleibende Zuhörer gibt, die zu gegebener Zeit selbst zu erzählen verstehen, wo es auf den rechten Ort und die rechte Zeit und eine günstige Verfassung der Beteiligten ankommt, damit eine Geschichte überhaupt mitgeteilt und aufgenommen werden kann, da also organisiert gelehrt und gelernt wird, Tag für Tag in Lehrgebäuden und aus Pflicht, wollen wir in Materialien aus verschiedenen Ländern sehen, wieviel Orient unter diesen Bedingungen noch möglich ist. Vorwegnehmend, daß gegenüber jüngeren Schülern und vor allem solchen der Dritten Welt noch am ehesten Konzessionen an deren Erfahrungsweisen gemacht werden, heißt das folgende Kapitel: „Naturwissen für Kinder und arme Leute". Dahinter ist aber auch die Frage versteckt, welche Orientierung, in des Wortes doppelter Bedeutung, ein solches Naturwissen für Große und Reiche bietet.

Das daran anschließende Kapitel über Duftstoffe versucht, einem im engeren Sinne aus dem fernen und nahen Osten überlieferten Thema etwas abzugewinnen, auch hier für den Raum, den Schulbänke bestenfalls lassen. Die Letzteren sind hart, und es besteht die Gefahr, daß die beiden folgenden Kapitel ein Quentchen hölzerner ausfallen als die übrigen.

2. Kapitel

Naturwissen für Kinder und arme Leute – Aus Übersee und der Dritten Welt

„Die Erde ruht auf dem Rücken eines Fisches. Manchmal wird der Fisch davon müde. Dann verlagert er das Gewicht, und das macht die Erde erschüttern."

„Da ist Feuer im Zentrum der Erde. Es versucht herauszukommen, und manchmal macht es Risse in die Erde und verursacht ein Erdbeben."

Würde man Schulkinder zwischen 9 und 14 Jahren in Nepal nach dem Grund von Erdbeben fragen lassen und erhielte diese beiden Antworten, wäre man versucht, sie verschiedenen Schülern zuzuordnen. Die einen wären noch in der Mythologie ihres Landes befangen, die anderen hätten bereits die westliche („richtige") Wissenschaft gelernt. Dart und Pradhan*, die 1965 die Untersuchung gemacht haben (Pradhan kommt selbst aus Nepal), erhielten aber beide Antworten in Abwandlungen jeweils aus dem Munde ein und desselben Schülers, und ein und dieselbe Gruppe von Kindern stimmte beiden Erklärungen zu. In einem anderen Dorf waren sich die Befragten einig, daß die Erde sowohl auf den Schultern von vier Elefanten ruhe, die hin und wieder das Gewicht verlagern müssen, als auch im Inneren Feuer und geschmolzenes Metall enthalte, die die Felsen bewegen oder gar sprengen können. Ähnlich standen für die Ursachen von Regen und Blitz mythisch und wissenschaftliche gespeiste Erklärungen nebeneinander.

Die mythischen Vorstellungen, die auf der manifesten Ebene den naturwissenschaftlich-praktischen Interpretationen unterlegen sind, bleiben so zunächst bestehen, als enthielten sie auf der latenten Ebene eine Beziehungsmöglichkeit zur Natur, die im naturwissenschaftlichen Wissen nicht wahrgenommen wird.

*Alle Literaturstellen sind am Schluß des Kapitels aufgelistet.

Der Fisch, der die Erde trägt, mag so nicht nur ganz wörtlich ein großer Karpfen sein, sondern gleichzeitig Symbol einer Vorstellung von der Art, daß nur eine lebendige Kraft, die auch im Chaos zu Hause ist, die Erde über dem Chaos halten kann.

Umgekehrt stehen naturwissenschaftliche Erklärungsmuster nicht nur für sich da, so wenig wie Morgensterns Zaun, zu dem ja immerhin der Zwischenraum gehört. Sie vermitteln als Summe eben auch ein Weltbild, eventuell eines, das die „Erde als eine kalte Maschine" erscheinen läßt, wie die Verfasser des australischen Curriculums „Man, Woman and the Physical World" argwöhnen. Mit einer im Namen von Wissenschaft geforderten Distanz zwischen Subjekt und Objekt, einer größtmöglichen emotionalen Beziehungslosigkeit, ist eben auch schon eine Beziehung definiert. Mit Weltbild ist weiter gemeint, daß hier Wissenschaft indirekt einen Anspruch über die eigene Sparte hinaus erhebt. Es macht einen Unterschied, ob man streng innerhalb einer Wissenschaftsmethodologie untersucht, wie weit man theoretisch und praktisch kommt, wenn man einmal ein Modell der Erde als einer nach Gesetzmäßigkeiten operierenden Maschine durchrechnet oder ob darüber hinaus – wie es Ingle und Turner in einer Studie formulieren – die in Wissenschaft westlicher Prägung benutzten analytischen und konzeptionellen Werkzeuge kraft ihrer Erfolge „den Mantel der Wahrheit anziehen", einer für alle und nicht nur für Naturwissenschaftler verbindlichen Wahrheit. In ihrem Aufsatz „Naturwissenschaftliche Curricula als kulturelle Fremdkörper" berichten Ingle und Turner, wie nach der buddhistischen Tradition Burmas die Weisheit daher komme, die Dinge so zu sehen, wie sie sind, nicht aber belastet mit Etiketten und Konzepten. Über begriffliche Erklärungsmuster arbeitet man sich in der buddhistischen Tradition nicht auf den Grund der Wahrheit. Sie widerfährt einem nach langen Übungen – wenn überhaupt – wortlos, und ähnlich ist es in taoistischen Traditionen, soweit sie noch eine Rolle spielen: „Die Namen, die genannt werden können, sind nicht die eigentlichen Namen," heißt es im Tao Te King. Der gewissen Geringschätzung gegenüber eindeutigen Bezeichnungen, Begriffen und gegenüber den mit ihnen betriebenen kausalen Erklärungen entspricht andererseits ein positives Verhältnis zu Gegensätzen bis hin zu Paradoxien. Fisch und Feuer vertragen sich, und vielleicht wäre mit einer solchen Anschauung ins Westliche transponiert, die Frage nach der Natur des Lichts nicht von vornherein und dann dreihundert Jahre lang hartnäckig als Entweder/Oder-Frage behandelt worden, bevor de Broglie Welle und Korpuskel in einer gemeinsamen Formel zur Versöhnung brachte. Nun geht es aber gar nicht um einen fernöstlich/westlichen Systemvergleich von Denktraditionen hinsichtlich ihrer Effizienz in der Findung von Wahrheit, was immer das ist. Sowohl für Ingle und Turner wie für Dart und Pradhan ist das Hauptproblem, ob, wenn naturwissenschaftlicher Unterricht in andere Kulturen eingeführt wird, das in einer nicht kolonialistischen Weise geschehen kann. Das hieße konsequent, naturwissenschaftlicher Sichtweise dürfte nicht gestattet werden, alle anderen Arten von Naturbeziehungen herabzusetzen und zu verdrängen.

Solche Bescheidenheit fällt nicht leicht, wenn Naturwissenschaft für das wirklich einzigartige und machtvolle Geschenk der westlichen Welt an die Entwicklungsländer angesehen wird. Gerade im naturwissenschaftlichen Unterricht, schreiben Dart und Pradhan, sei oft genug die in den frühen Missionsschulen und in den späteren Kolonialschulen verbreitete Einstellung wirksam, eine „primitive“ oder „dekadente“ Zivilisation durch eine moderne und „bessere“ ersetzen zu müssen. Zur Vermeidung oder doch wenigstens zur zeitlichen Verschiebung dieser Konfrontation schlagen die Autoren vor, Naturwissenschaft wie eine Zweitkultur einzuführen, die vorhandene ergänzend, aber nicht ersetzend. Naturwissenschaften sollen gelehrt werden wie eine Fremdsprache, die erlernt und benutzt wird, ohne die Muttersprache abzulösen. Ein solches Herangehen kann zunächst einmal entlastend wirken. Das Programm soll mit Beobachtungen alltäglicher Dinge und örtlicher Ereignisse Fähigkeiten und Einstellungen einführen, die die auf Überlieferung beruhende Wissensweitergabe ergänzen. Die Kinder sollen lernen, selbständig zu beobachten und eigene Erklärungen zu suchen in Ergänzung zum gewohnten Lernen durch aufmerksames Zuhören, Zusehen und Nachmachen. Das „Labormaterial“ soll aus Blättern und Kieseln, Sonnenschein und Saatkörnern bestehen, die Ausrüstung aus Bambusstücken und am Ort erhältlichen Utensilien. Was sind am Ort erhältliche Utensilien?

In Kopenhagen tagt ein von der UNESCO geförderter Workshop mit dem Titel „Locally Produced Laboratory Equipment For Chemical Education“. Es geht um Probleme von Entwicklungsländern, mit örtlich erhältlichen Gefäßen und Geräten den Heranwachsenden die Chemie nahezubringen. Auf der Tagung sollen die entsprechenden Geräte ausgestellt sein, erfahre ich am Telefon. Ich habe Bildvorstellungen von Gefäßen und Geräten aus Ton, Messing, Kupfer, Leder, Holz, von Flaschenkürbissen und alten arabischen Destillationsöfen. Deshalb reise ich nach Kopenhagen. In einem Hörsaal der Königlich-Dänischen Lehrerhochschule sitzt ein irischer Experte, der für Nigeria arbeitet, leger auf dem Labortisch und stellt den Zuhörern die auf jeden einzelnen gemünzte Frage: „Stellen Sie sich vor, Sie sitzen mitten im Busch und wollen naturwissenschaftlichen Unterricht machen. Was finden Sie an Hilfsmitteln vor, wenn Sie um sich herum greifen? – Richtig: weggeworfene Glasflaschen, leere Spülmittelbehälter aus Plastik, ausgebrannte Neonröhren und Glühbirnen, gebrauchte Einweg-Injektionsspritzen.“ Daraus werden nun ganze Laboreinrichtungen mit Erfindungsgabe entworfen. Eine alte Glasflasche kann gut zwanzig Funktionen erfüllen: Sie kann zum Destillationskühler, Meßzylinder, Tropftrichter und vielem anderen mehr umgewandelt werden. Ein Däne führt vor, was man auf ähnliche Weise alles mit Urinbeuteln aus Weichplastik machen kann, zum Beispiel die Druck- und Volumen-Gesetze für ideale Gase demonstrieren.

Nicht alle diese Dinge wirken gleich abstoßend. Ein westdeutscher Experte zeigt einen Baukasten, den er in Nicaragua und einigen südamerikanischen Ländern ausprobiert hat, mit kleinen Holzfächern, in denen die Utensilien liegen. Eine Kochflasche, die aus einer klaren Glühbirne gewonnen wird, indem man den Glüheinsatz mit der Zange herauszieht, oder eine Lupe aus einer Glasmurmel haben ihren eigenen rundgläsernen Reiz. Aber ein Pipettenball aus einer Spüliflasche, deren Gebrauch der

Ire vorführt, wie der Meßzylinder aus einer Neonröhre sind im doppelten Sinne billig. Die Einführung in die Kenntnis der Natur erfolgt mit Abfall aus westlichen Industrieländern, um die wissenschaftliche Basis zu legen, mehr von diesem Abfall, nun in eigener Regie, zu produzieren – zusätzlich zu wertvollen Produkten.

Die industrielle Einstellung zur Natur offenbart sich so nicht nur in der Ideenwelt der exportierten Gesetzmäßigkeiten, sondern zugleich im Material der Lehrgeräte. Die traditionellen Materialien werden nicht ergänzt, geraten vielmehr in Vergessenheit einschließlich der Ornamente, mit denen sie geschmückt waren. Ein großer Teil der Teilnehmer hat Kritik ganz anderer Herkunft an den vorgeführten Billig-Programmen. Warum sollen sich Entwicklungsländer mit Selbstgebasteltem begnügen, statt vom industrialisierten Teil der Welt effiziente Seriengeräte zu verlangen? Wenn man Gaschromatographen und Atomabsorptionsspektrometer nicht selbst baut, ist die wichtigste Frage: wie ist ein guter Ersatzteilservice, zum Beispiel für Sri Lanka, zu organisieren.

Teilnehmergruppen des Workshops formulieren Empfehlungen. Ich schlage vor, in Zukunft darüber zu arbeiten, wie man die an moderne Laboratoriumsausstattungen gestellten Anforderungen mit dem Gebrauch traditioneller Materialien und Ornamente verknüpfen kann, wie sich dabei auf in lokalen Werkstätten vielleicht noch erhaltene Erfahrung und Kunstfertigkeit zurückgreifen läßt.

Es kommt eine ganze Reihe von Empfehlungen zustande. Ein Teil der Teilnehmer hat Dorfschulen im Kopf, ein anderer Universitäten und Untersuchungsinstitute. An Blätter und Kiesel, Sonnenschein und Saatkörner denkt auf diesem Workshop kaum jemand.

Dennoch, Ideen und Verfahren, die eher den Überlegungen von Dart und Pradhan entsprechen, sind mittlerweile in Lehrmaterialien für die Dritte Welt eingeführt worden. Sie finden sich aber auch in amerikanischen, britischen und australischen Projekten, vor allem im Primarschulbereich. Ich will knapp zwanzig solcher Projekte doch wenigstens für einen kurzen Moment auf der Bühne dieses Kapitels erscheinen lassen. Die Kriterien für die Auswahl aus vielen anderen Lehrmaterialien waren: erstens – es werden auch andere Objekte untersucht, als sie üblicherweise im naturwissenschaftlichen Unterricht zugelassen sind, andere Objekte also als Kristallpulver, ideale Lösungen oder verzweigte und unverzweigte Stromkreise; zweitens – es wird nicht nur gemessen, sondern auch näher und persönlicher mit Gegenständen und Vorgängen umgegangen; drittens die Darstellungsweisen gehen in ihrer Lebendigkeit über Versuchsprotokolle erheblich hinaus. Es mußte wenigstens eines der Kriterien erfüllt sein.

Das erste Projekt ist ein australisches mit dem Titel: Man, Woman and the Physical World (1977) und enthält verschiedene Bände, darunter einen ausgesprochen wissenschaftskritischen mit dem Titel „Science and Society". Ein Kritikpunkt betrifft die Tendenz, das vereinfachte Erklärungsmodell mit dem komplexen Phänomen selbst zu verwechseln (Nothing But Reductionism): Der Tisch werde zum Beispiel als nichts anderes gesehen als ein Haufen regellos schwirrender Atome und Moleküle, deren Bindungskräfte die Festigkeit des Tisches bewirken; lebendes Gewebe sei nichts als eine Vielfalt von Chemikalien; Emotion sei nichts anderes als die Wirkung verschiedener Hormone und die Tätigkeit verschiedener Hirnregionen. Liebe sei nichts als ..., usw. Ein weiterer Band heißt „Useful Materials" und befaßt sich mit Fragen, die sich gegenüber Chemikalienpulvern nie stellen, wohl aber gegenüber Werkstücken: Warum brechen Dinge? Warum sind einige feste Körper stabiler als andere? Warum ist Stahl zäh, neigt Glas zum Splittern, warum spaltet sich Holz?

Zusätzlich werden zeitliche Veränderungen behandelt: Holz unter Last wird allmählich irreversibel defomiert, es „kriecht", auch durch Ablagerung gibt es Veränderungen. Dieses Curriculum ist für Oberstufenschüler und Studenten geschrieben worden, eine Ausnahme, denn in der Regel werden nur Kindern gewisse Freiheiten des Gegenstandes und der Methode eingeräumt. Im britischen Projekt Science in a Topic: Houses & Homes werden ähnliche Themen einfacher, eben für Jüngere, behandelt. Besonders gut wird deutlich, daß, wieder im Gegensatz zu

Pulvern, die mechanischen Eigenschaften fester Gegenstände gerichtet sind: Holz ist zum Beispiel nicht in jede Richtung gleich widerstandsfähig. Ein Angriff (Sägen, Quetschen, Abschmirgeln usw.) hat längs der Maserung andere Effekte, als quer zu ihr. Das US-amerikanische Grundschulmaterial PEEP (Primary Environmental Education Project, 1973) stellt Fragen, die sich an die Sinne wenden und zum Teil Erwachsene verblüffen können. Die Kinder werden gefragt, wie Luft aussieht. Sie wedeln als Antwort mit den Händen, bis man einen Luftzug spürt.

Das ebenfalls amerikanische Projekt ELE (Environmental Learning Experiences, 1974) reißt mit zum Teil etwas schwarzen Vorschlägen aus dem gewohnten Trott abgestumpfter Wahrnehmung heraus: Stell' Dir vor, Du hättest nur noch ein Jahr zu leben, wie würden dann die Dinge auf Dich wirken? Was wäre Dir dann wichtig?

Ähnlich arbeitet das Curriculum BSEEP (Broad Spectrum Environmental Education Program, USA, o.J.). Man entdeckt etwas Neues, indem man die Augen verbindet, sich auf die Fingerspitzen verläßt oder mit der Nase eine Jagd nach verschiedenen Gerüchen macht. Man arbeitet mit dem Zufall. Ein blind ausgeworfener Reifen bestimmt, daß man sich intensiv mit den Gegenständen befaßt, die er umschließt. Man weiß nicht im vorhinein, auf was man sich einlassen muß.

Aus dem Grundschulmaterial für Kenya – weitgehend identisch mit African Primary Science – werde ich am Schluß des Kapitels ein ausgewähltes Beispiel ausführlich beschreiben. Diese Lehrfibeln vermitteln wie kein anderes Projekt, daß man bei dem, was man tut, Zeit hat. Erwachsene können viel lernen. Man schaut zu, wie sich Farbschlieren langsam im Wasser verteilen, über Diffusionsgesetze kommt man da nicht heran. Die Kinder hängen an einem sich drehenden Pendel und lassen die Füße leicht im Sand schleifen, um die Schwingungsfiguren sichtbar zu machen. Sie benutzen ein Lied als Uhr. Bei der einen Aktivität komme ich bis zum fünften Vers, bei der anderen nur bis zum dritten.

Das schon im ersten Kapitel erwähnte britische Projekt „Starting From Rocks", mit etwa 10jährigen durchgeführt, ist insofern klug angelegt, als es sich mit einer Vielfalt von Aktivitäten: Messen, Dichten, Maskenspiele machen, auf ein Thema, die Steine, konzentriert. Mit einem Gegenstand sehr viele verschiedene Sachen zu machen, bringt oft mehr, als auf sehr viele Gegenstände die immer gleichen Prozeduren anzuwenden. Das Projekt arbeitet sowohl mit der analytischen und distanzierenden Untersuchung der Steine wie mit der Identifikation: man verkleidet sich und *ist* Frau Lava oder Herr Quarz.

Beim nigerianischen Programmed Learning Projekt (1968) wird ebenfalls die Identifikation versucht, dieses Mal das Nachahmen einer wassersaugenden Pflanze. Das ist im ersten Kapitel erwähnt worden. Beim amerikanischen NEED-Curriculum (National Environmental Education Development, 1971 ff.) wird ebenfalls versucht, sich mit dem Gegenstand zu identifizieren. Manchmal geht das etwas weit: ein Kind dichtet über einen Weihnachtsbaum mit Lametta auf dem Kopf. Weiter taucht auf, daß in verschiedenen Kulturen die gleichen Dinge unterschiedlich bewertet werden. Die bunten Glasperlen wurden von den Indianern höher bewertet als Kupfer und Silber, das sie dafür gaben (in Amsterdam kann man heute Glasperlen teuer zurückkaufen, mit denen vor Jahrhunderten die Afrikaner übervorteilt wurden). Wasser wird vorgestellt mit Programmusik zu Wasser.

Aus dem „Schools Science Project for East Africa, Chemistry," Kenya 1975, habe ich die Vorlage für eine Destille genommen, die im Duftstoffkapitel beschrieben und wiedergegeben ist. Im Gegensatz zu vielen Drogenaufklärungsmaterialien wird hier zugegeben, daß der Rausch auch ein „vergnügliches Gefühl tief drinnen" erzeugt und nicht nur als Vorstufe zu Kater und Vergiftung diskutiert werden kann.

Im ghanaischen Grundschulprojekt „African Primary Science" (1971) lernen die Kinder, Feuer zu machen. Die Sehne eines Bogens wird um einen Holzstab geschlungen und der Bogen hin- und herbewegt. Der Stab rotiert so schnell auf einem Brett, daß die für das Feuer notwendige Hitze entsteht. Eine alte Technik wird so bewahrt, eine Episode erster Befreiung aus der Hilflosigkeit gegenüber der Natur oder auch schon ersten Machtgewinns wird nachvollzogen.

In Lehrmaterialien der „Minnesota Environmental Science Foundation“, 1971, werden zum Thema Schnee und Eis anhand der Veränderung von Schneewehen und der Konservierung von Eiskristallen in Kunstharz auch flüchtige Erscheinungen beobachtet und festgehalten. Über die Eindringtiefe von fallenden Kugeln in Schneeschichten läßt sich eine verläßliche Aussage über deren Packungsdichte gewinnen.

Das ebenfalls US-amerikanische Projekt „Interdisciplinary Approaches to Chemistry“ (1974) wendet sich an ältere Schüler. Drogen bilden eines der angeschnittenen Themen. Hier ist ein Verhältnis zum Stoff berührt, das nicht in kühler Beobachtung, sondern in Auslieferung an ihn besteht. Für kurze Zeit ist durch die Wirkung eines einzigen Mittels das Verhältnis zu allen Dingen und Personen einschließlich der eigenen verändert. Das Lehrmaterial geht darauf ebenso ein, wie auf die chemische Zusammensetzung der Wirkstoffe und ihre Kraft, Abhängigkeitsverhältnisse zu schaffen. Aber auch die Glücksempfindungen, die gesteigerte Vorstellungskraft, die bei bestimmten Drogen erhöhte Redseligkeit werden erwähnt. Das Material ist vielseitiger als manches deutsche Aufklärungsmaterial, das sich zu oft am Muster früherer sexueller Aufklärung orientiert: Wo die Liebe das Thema hätte sein können, geriet daraus nichts weiter als Ausführungen über Abtreibung und Geschlechtskrankheiten.

Im Widerspruch zum Titel dieses Kapitels ist auch ein deutsches Projekt mit in die Übersicht aufgenommen worden, die „Didaktische Einheit Müll“ des Deutschen Jugendinstituts für Kinder im Vorschulalter. Da ist Geschick in der Auswahl eines Themas gezeigt worden. Zwar ist der Text insofern gewohnt, als er aus ökologischer Sicht das Abfallproblem behandelt. Die vielen Szenenfotos, so von spielenden Kindern im Sperrmüll, zeigen jedoch noch eine andere Dimension: Es geht sozusagen um das Leben der Dinge nach ihrem Tode im Sinne des Endes ihrer Nützlichkeit für den jeweiligen Besitzer*. Das Altern der Dinge,

*Mit Claus Döpper und Christine Fröhling zusammen habe ich das Thema für die „Spuren“ (1984) aufgegriffen und es später unter dem Titel „Das Ding als Taugenichts“ für die „Scheidewege“ (1985/86) bearbeitet.

die langsame Entwicklung von Runzeln auf Leder, die allmähliche Bildung von Patina auf Kupfer und Kupferlegierungen wäre auch ein gutes Thema für Ältere, die in der Schule nur über schnelle chemische Vorgänge lernen.

Ein Grundschul-Projekt von den Salomoninseln ist schon im ersten Kapitel erwähnt worden. Das Befragen der Dinge (Ask the wind) macht seinen Reiz aus. Der – für viele Erwachsene – verborgene Sinn des „Feelie Bags", des Grabbelsacks, in dem man die Dinge erfühlt, ohne sie zu sehen, wird im Kapitel „Erziehung zur Müdigkeit" besprochen. Das US-Projekt USMES (United Science Mathematics for Elementary Schools, o. J.) entwikkelt ein Gespür für die kleinen Bedürfnisse. Die Dinge werden selbst gemacht, z. B. Limonade. Sie haben für Kinder einen ähnlichen Reiz wie für Heranwachsende „junk food" und „fast drink". Das Nicht-Stille-Sitzen-Wollen beim Essen steckt drin, man braucht die Bewegung, das Flanieren, das Reisen nicht zu unterbrechen. Da ist die Sucht nach bunten Essens- und Trinkstoffen, man will die Bekanntschaft flüchtig halten, ohne die Muße des Feinschmeckers, fröhliches billiges amerikanisches „Honkey-Tonk" bietet seine eigene selbstironische Glitzerlust. Andererseits werden auch sehr introvertierte Bedürfnisse befriedigt. Den Schultisch dürfen die Kinder so bauen, daß sie sich in seinen unteren Teil wie in eine Höhle zurückziehen können.

Das PIELP-Projekt für Erstkläßler (Primary Interdisciplinary Environmental Learning Packets, USA, 1973) kann, auch für Erwachsene, noch einmal deutlich werden lassen, daß den Stoffen etwas Überchemisches eigen ist. Sand ist mehr als Siliciumdioxid. Man macht Bilder aus ihm, die man sehen und mit den Füßen ergehen kann. Eine Erinnerung an die bunte Wüste („Painted Desert") in der Nähe des Grand Canyon scheint mir richtig. Aus den dort liegenden Sänden verschiedener Farben machen die Navajo-Indianer zu Heilzwecken zeremonielle Bilder. In der Abenddämmerung oder im Morgengrauen werden sie wieder verwischt: Kunst ohne Versuchung für den Künstler, ein Denkmal seiner selbst zu setzen und mit nur jeweils einem Patienten als Publikum.

Zwei Beispiele sollen im folgenden ausführlicher besprochen

werden. Unser Kapitel begann mit dem Aufeinandertreffen zweier verschiedener Kulturen und dem Gegeneinander verschiedener Naturdeutungen. Im Hochland von Peru, im Departement Puno, im Gebiet des Titicacasees, wird ein zweisprachiges Projekt durchgeführt, das bisher vier Bände zum naturkundlichen Wissen herausgebracht hat. Das Projekt ist das von der Deutschen Gesellschaft für Technische Zusammenarbeit (GTZ) organisierte „Proyecto Experimental de Educación Bilingüe". Die Materialien heißen Yatiñanakasa (Aymara: Unsere Erfahrung) und Kawsayninchis (Quechua: Unser Leben)*. Sie sind für Lehrer verfaßt worden, die in der dritten und vierten Klasse an dörflichen Schulen Kinder von Aymara- bzw. Quechua-Indianern unterrichten.

Im Gegensatz zu den bisher erwähnten Materialien aus der Dritten Welt versucht das peruanische Projekt die einheimische Kultur durch die Verwendung von Passagen in den jeweiligen indianischen Sprache zu stärken, für die es auch eigene Sprachlehrgänge macht. Ein Lexikon ist im Projekt erschienen, das zwischen der heutigen Amts- und früheren Kolonialsprache Castellano, der südamerikanischen Ausprägung des Spanischen, und der Aymara-Sprache vermittelt (für das weit verbreitete Quechua gab es schon vorher Sprachwerke).

Vor allem aber hat das Projekt in mühevoller Arbeit indianische Erfahrungen und Anschauungen von Natur gesammelt und verarbeitet. Die naturkundlichen Materialien sind – auch das ist ein glücklicher Griff – nicht nach einer Logik der Inhalte gegliedert, sondern folgen einem zeitlichen Prinzip, den durch rurale Tätigkeiten bestimmten Monaten des Jahres in der Agrarkultur des Andenhochlandes.

Im Mai beispielsweise, dem zweiten Ernte- und Herbstmonat, in dem die Produkte zum Markt geschafft werden, lernen die Kinder die einheimischen Maße mit den offiziellen Maßen in Beziehung zu setzen zum Beispiel die Einheit „Ein Tragetuch voll" mit den verschiedenen auf dem Markt üblichen Gewichts-

*Autoren: Annette Scheiterle, Brindis Mamani G. de Ochoa, Tomás V. Ortega Yupanqui.

einheiten wie Kilogramm und Libra. Zur Zeit der Aussaat wird die Erde untersucht: wieviel Wasser sie aufnehmen kann, welche Färbungen verschiedene Erden haben, welche Namen die Bodenarten haben. Für den Regen werden – wie schon erwähnt – über ein Dutzend Namen aufgeführt, je nachdem, ob er heftig und kurze Zeit fällt, oder sanft ist und ein Wind dabei weht, ob er von Sonne und Regenbogen begleitet ist, ob es ein Regen am Tag oder in der Nacht war, ob er gleichmäßig gefallen ist oder mit Unterbrechungen. Der graugrüne Ch'ullun jamach'i (der Vogel mit dem Büschel auf dem Kopf) singt sieben voneinander verschiedene Weisen, an denen man erkennen soll, ob das Vieh eine gute Weide haben wird, ein gutes Gedeihen der Quinua (einer Reismelde) oder der Kartoffeln zu erwarten ist, von denen später ein Teil mit Hilfe einer Gefriertrocknungsmethode aus vorspanischer Zeit konserviert wird. Alle Tierbeobachtungen, die die Vorhersage des Verlaufs der erst im November beginnenden Regenzeit bringen, werden schon im August gemacht. Zu diesen regional auf das Andenhochland um den Titicacasee bezogenen Materialien – für die Nebelwaldgebiete des gleichen Departments müßte man ganz andere machen – habe ich ein umfangreiches Gutachten für den „Bildungsreport" der GTZ geschrieben und über die Reise nach Peru, das Projekt eingeschlossen, einen Essay für die „Scheidewege" (siehe Literaturverzeichnis). Der zentral in Lima für ganz Peru herausgegebene Lehrplan ist im Vergleich zu dem Projekt von internationaler Blässe, es fehlt ihm die Würze der Regionen und damit die Nähe zu seinem Stoff.

Es ist aber nicht nur eine Frage der guten Inhalte, ob einheimisches Naturwissen aufbewahrt und weitergegeben werden kann, sondern auch eine der Vermittlungsform, wozu der rechte Ort und die rechte Zeit gehören und ein vertrautes Verhältnis zwischen den beteiligten Personen, und zuviele dürfen es nicht sein. Direkt im Lehrmaterial aufgegriffen findet sich das Problem in der Fibel „Die Mondbeobachter" im Curriculum „African Primary Science". Die 65 Seiten starke Fibel ist mit Hilfe des Education Development Center, Newton, Massachusetts, USA, 1967 an der Universität Nsukka, Nigeria, geschrieben worden.

Sie wird in Kenya im Kenya Primary Science Program vertrieben. Einer der beiden Autoren ist Amerikaner. Die Illustrationen hat ein Afrikaner gemacht.

Drei Personen treten mit Namen auf, der Junge Eze und seine beiden Lehrer, der Großvater Ezeulu und der Naturwissenschaftslehrer, Herr Okafor. Die Figur des Großvaters ist einem afrikanischen Buch entnommen worden. Er gehört zu den Ibos, bei denen der Monat ein Mondmonat ist, mit sieben Wochen zu vier Tagen. Bei Vollmond feiern die jungen Männer und jungen Mädchen auf der Lichtung in der Mitte des Dorfes. Es wird Musik gemacht, einige Instrumente werden nur von Frauen gespielt, wieder andere nur von Männern – oder sie tanzen alle zum Radio. Der Großvater war einst oberster Priester im Dorf. Er trägt einen Umhang, der eine Schulter bloß läßt und geht barfuß. Nun ist er abgehalftert. Seinen Niedergang trägt er mit verschmitzter Grandezza. Der Gott des weißen Mannes habe seine eigenen Götter vertrieben und die Kraft des Juju-Zaubers gebrochen, sagt er den Leuten, die immer noch höflich um seinen Rat bitten, trotzdem, ihr oberster Priester habe Durst. Man muß ihm Wein geben und Geduld mit ihm haben, warten und still sein, bis er die Augen aufschlägt, eventuell wiederkommen, nachdem er Mond und Sterne befragt hat, zusehen, bis er seine Yamwurzel sorgfältig über dem Feuer geröstet und probiert hat. Der alte Mann hat so viel Zeit und Ruhe, daß einem ganz kribbelig davon werden kann. So meint er denn auch, daß schnelle Antworten schlechte Antworten sind und die Götter sich nur den Weisen und Geduldigen zeigen.

Man muß beobachten und darüber nachdenken, nur die Dummen und Faulen wollen alles fertig gesagt bekommen. So zieht sich auch die Mondbeobachtung hin. Jeden vierten Abend, jede Ibowoche also, muß der Enkel Eze wiederkommen, bis er weiß, wie lange der Vollmond am Himmel bleibt, welcher der beiden Halbmonde auch am Tage zu sehen ist und welcher nur in der ersten Nachthälfte. Die Fibel fordert die Schüler auf, es Eze nachzumachen und einen Monat lang die verschiedenen Positionen des Mondes zu notieren.

Eze trägt Shorts und ein kurzärmliges Hemd, alle seine Mit-

Der Priester Ezeulu und sein Enkel Eze beobachten die Phasen des Mondes

Der alte Mann trinkt Wein, und die jungen Leute tanzen im Vollmond

schüler sind so gekleidet. Man sieht, wie sie um Herrn Okafor, den Naturwissenschaftslehrer herumstehen, auf der Erde neben dem Schulhaus. Herr Okafor trägt als einziger Schuhe, lange Hosen und eine Art Pilotenhemd mit zugeknöpfter Brusttasche. Man erfährt über ihn nicht, ob er Wein mag, noch ob er eine gute Scheibe Yam zu schätzen weiß. Für seine Lektion über den Mond braucht er etwa einen Vormittag. Die Kinder dürfen sagen, daß der Mond da ist, wo „der Mann" Feuerholz hackt oder daß er ein Licht ist, das von den Wolken hochgehalten wird oder daß er ein Fenster im Himmel ist, das auf- und zugeht oder daß er eine Scheibe Yam ist, von der jemand abbeißt – aber wie nimmt der Mond dann wieder zu* – oder daß er eben ein Ball ist, eine große Kugel. Herr Okafor holt einen Ball aus getrocknetem Lehm aus dem Schulhaus, malt ihn mit Kreide weiß an. Alle drehen sich nacheinander draußen in der Morgensonne um sich selbst, wobei sie den Lehm-Kreide-Mond in der hochgereckten Hand halten. Schließlich sind alle davon überzeugt, daß der Mond eine Kugel ist, und die Mondphasen nicht daher kommen, daß etwa die Erde zwischen Mond und Sonne stünde. Der Mond „wirft einen Schatten auf sich selbst".

Eze weiß schon viel über den Mond und muß Herrn Okafor erzählen, wie er das beim Großvater gelernt hat. Herr Okafor spricht seine Anerkennung aus: „Ezeulu ist ein weiser Mann, auf seine Art ein richtiger Wissenschaftler." Ezeulu lacht, als Eze ihm das erzählt und sagt: „Wenn Wissenschaftler wahrhaft durch Hinsehen und Denken lernen, dann müssen auch sie weise sein."

Koexistenz scheint möglich, aber wie brüchig und vergänglich wird sie sein? Der Großvater mahnt den Enkel zum geduldigen Beobachten, damit nach seinem Tod jemand da ist, der im Dorf den Mond voraussagen kann zum Pflanzen und zum Feste feiern. Von Herrn Okafor dagegen lernt man nicht unbedingt Geduld. Sein Hinsehen ist wohl anders, sein Nachdenken auch, und anders sind auch die Dinge, auf die er sieht. Herr Okafor beob-

*Für die Baule an der Elfenbeinküste ist der Mond – ein Sohn Gottes – immer rund, aber der Wind bewirft ihn mit Schmutz und der Mond muß sich baden, wenn man ihn wieder ganz sehen soll (nach H. Himmelheber).

Der Lehrer nimmt für den Mond eine Kugel aus Lehm, geweißt mit Schulkreide

achtet zunächst einmal nicht den Mond, sondern einen mit Kreide geweißten Lehmklumpen. Herr Okafor ist Zeitsparer. Wo der Mond sieben Ibowochen braucht, um an die alte Stelle zu kommen, ist mit dem Lehmklumpen der gleiche Ablauf in nicht viel mehr als ebensoviel Sekunden zu erledigen. Auch weiß Herr Okafor schon von vornherein, was man gesehen haben wird.

Was macht man mit der gesparten Zeit? Man braucht sie, um gleich wieder etwas Neues gelehrt zu bekommen. Kaum hat der Großvater seine Ermahnung zur Geduld zu Ende gebracht, bewegt sich ein kleines helles Licht über den Nachthimmel. Ein

Satellit. Einen solchen Anblick, sagt Ezeulu, habe es in seinen jüngeren Tagen nicht gegeben: „Vielleicht wird dich dieses Wissenschaft genannte Ding über diese neue Sache etwas lehren." Ganz sicher wird es das, und viel Zeit wird dazu nicht zur Verfügung stehen, denn dann muß man über Mikro-Chips lernen und dann über Holographie und dann über Cloning und dann und dann und dann ...

Herr Okafor wird, wenn er weiterhin mit seinen Schülern einen ganzen Vormittag bei einer kleinen Frage vor dem Schulhaus in der Sonne zubringt, sogar einmal als Zeitverschwender gelten, wenn mit den naturwissenschaftlich-technischen Entwicklungen das Tempo des lebenslänglichen Lernens zunimmt. Mit Folien und Modellen wird er seine Unterrichtsstunden auf die Minute planen müssen, und sie werden ausschließlich im Klassenzimmer stattfinden, schon aus Versicherungsgründen. Die Stundenbeurteilung wird von der jeweiligen Aufsichtsperson mit den Worten eingeleitet werden: „Nach meiner Uhr haben Sie ..." so wie es in Deutschland heute zwischen Mentoren und Referendaren normal ist. „Die Hinführungsphase erstreckt sich über dreizehn Minuten" (immerhin) mißt der Hochschullehrer Fritz Bärmann bei der Umsetzung einer Unterrichtsplanung mit Studenten zum Thema „Der Tageslauf des Kindes wird überdacht". Dabei kommt es zunächst darauf an, „die vor- und außerschulischen Erfahrungen der Kinder im Sinne der (nordrhein-westfälischen) Richtlinien aufzunehmen, zu klären und zu ordnen". Eigentlich würde Bärmann genauso gern ein Projekt machen, schreibt er.

Die zeitverschwenderische Darstellung der Mondbeobachtung von Eze und Ezeulu entwickelt eine Sparsamkeit ganz eigener Art. Die Folge der Szenen, in denen die Ereignisse und Beobachtungen mit lebenden Personen verknüpft werden, die ihrerseits auf- und untergehende Epochen und Zwischenstadien repräsentieren, bringt den Leser dazu, mühelos vom ersten bis zum letzten Wort zu lesen. Keines der Wörter ist verschwendet, weil sie alle aufgenommen werden. Der Gegensatz zwischen den Erzählbüchern, die man als Kind mit der Taschenlampe unter der Bettdecke las und den späteren Lehrbüchern, bei denen man sich alle fünf Seiten fürs Lesen mit einer Tasse Kaffee oder einem kurzen Spaziergang belohnen mußte, scheint überbrückt. Die Belohnungspausen und die nicht gelesenen Teile in Rechnung gestellt, ist in unseren auf das „Wesentliche" beschränkten lehrhaften Büchern das Gegenteil der gewollten Ökonomie von vornherein angelegt.

Es ist aber nicht nur zugefügte Staffage, die die Aufmerksamkeit an der Mondfibel hält. Die Beobachtungsweise Ezeulus ist als Teil seiner Lebensweise beschrieben. In seinem Umgang mit dem Mond, der Yamwurzel, dem Enkel, den ratsuchenden Dorfbewohnern verkörpern sich Eigenschaften wie Aufmerksamkeit und Geduld, Gelassenheit und Würde, die Ezeulu in einem langen Leben zugewachsen sind.

Hier – bei der Lebensweise – ist der Punkt, an dem sich entscheidet, ob ein fremdes Curriculum ein kultureller Fremdkörper ist oder nicht. Es ist nicht damit getan, den Großvater sagen zu lassen: „Der Mond wird dir über sich selbst erzählen" und das so zu interpretieren, als sei das im Prinzip ein Bekenntnis zu einem Induktivismus, wie ihn auch Herr Okafor, der Naturwissenschaftslehrer, vertritt. Er stellt sich vielmehr – und da kommt das Fremde hinein – die Fragen, ob man denn weiterhin Geduld und Aufmerksamkeit, Gelassenheit und Würde bewahren kann, wenn man atemlos den jeweils neuesten naturwissenschaftlichen und technologischen Erkenntnisdetails hinterherlernen muß. Das heißt, eventuell ist das westliche Curriculum, die neue Denkweise, eben doch erst einführbar, nachdem die auf den alten Werten basierende Kultur von den Errungenschaften sturmreif geschossen worden ist, die westliche Technik, Naturwissenschaft und Medizin hervorgebracht haben und zu präsentieren wissen.

Nur, Nigeria liegt auch in Europa und Nepal auch in Amerika. Amerikanische Schuljungen und -mädchen, die Naturwissenschaft im Ergebnis ganz positiv fanden, wollten kein Leben als Naturwissenschaftler führen, wie Margaret Mead und Rhoda Métraux schon in den fünfziger Jahren ermittelten. Die Jugendlichen hatten von einem Arbeitsleben im Labor keine gute Meinung. Keine gute Bilderfolge war es, um genau zu sein, die sich vor ihrem inneren Auge entfaltete. Ihnen gefiel da weder das Inventar, noch die Wissenschaftlersprache, noch die Art des Herangehens an die Dinge: „Der Wissenschaftler ist ein Gehirn. Er verbringt seine Zeit in geschlossenen vier Wänden, in einem Laboratorium, wo er Sachen von einem Reagenzglas ins andere gießt. Seine Arbeit ist uninteressant, stumpf, monoton, zeitraubend und eine Bürde …".

Nun mögen viele Naturwissenschaftler ihre Arbeit ganz anders sehen, sehr abwechslungsreich auch etwa im Vergleich mit der Tätigkeit an einem Schreibtisch in einer Steuerbehörde. Das ändert wenig an dem Ausschnittscharakter normalbetriebener naturwissenschaftlicher Tätigkeit gegenüber der möglichen Vielfalt von Naturbeziehungen, in denen man sich auch auf sich selbst beziehen kann und die auch geübt und gelernt sein wollen. Mead und Métraux empfehlen in der naturwissenschaftlichen Bildung eine Akzentverschiebung zu den biologischen Wissenschaften hin, da man hier mehr Möglichkeiten habe, nach draußen zu gehen und „Staunen" und „Demut" zu lernen, wozu im Laboratorium weniger Gelegenheit bestünde. Hier tauchen wieder beide Kategorien auf, die für eine naturwissenschaftliche Bildung wichtig sind, sofern diese Naturbeziehungen als legitimen Bestandteil des Naturwissens entwickeln will: Da ist einmal mit dem „draußen" die in Ergänzung zu den Digitalanzeigen der Laboratoriumsgeräte notwendige originäre Gegenstandswelt angesprochen – Blätter, Kiesel und Sonnenschein – wie es Dart und Pradhan in ihren Vorschlägen für Nepal formulierten. Da ist mit den manchen peinlich berührenden Worten „Staunen" und „Demut" die Kategorie der Beziehung zum Gegenstand beachtet, wie sie sich in Ezeulus Würde, Gelassenheit und Aufmerksamkeit gegenüber seiner naturgegenständlichen und menschlichen Umwelt ausdrückt.

So gibt es zusätzlich zum Wissen, mit dem man über die Sache verfügen kann, mindestens ein zweites, das die Materie nicht als fremde Kulisse belassen will. Stattdessen wird sie zum Gleichnis, in dem sich einer wiedererkennt und von daher zum Stoff einer Welt, in der man zu Hause sein möchte. Insofern tun die Kinder in Nepal und Nigeria gut daran, das neue Wissen aufzunehmen, ohne das alte damit zu vergessen, und die Curriculumexporteure täten schlecht daran, es ihnen auszutreiben. Im Gegenteil: Es gibt etwas zu lernen und zu importieren aus den Dörfern der Ibos und denen der Chhetri.

Die Stoffe sind mit ihrer Formel allein nicht ausgeschöpft. Wasser, um beim Ausschöpfen anzuknüpfen, ist so nicht nur eine Dreieckskonstruktion aus zwei Atomarten, mehr auch als etwas Auseinanderstrebendes, zu dem Gefäß und Deich immer mit hinzugedacht werden müssen, nicht nur quicklebendiger Haufen von Molekülen, die aneinander vorbeitrudeln oder zusammenprallen, sich assoziieren und trennen, in sich selbst schwingen und zittern, mehr als Hauptfluidum unseres eigenen Körpers, nicht nur Ton einer Brandung, sondern auch Gleichnis kluger Einwirkung, wie es Lao Tse im achtundsiebzigsten Abschnitt sagt:

Auf der ganzen Welt
gibt es nichts Weicheres und Schwächeres als das Wasser.
Und doch, in der Art, wie es dem Harten zusetzt,
kommt nichts ihm gleich.
Es kann durch nichts verändert werden.
Daß Schwaches das Starke besiegt
und Weiches das Harte besiegt,
weiß jedermann auf Erden,
aber niemand vermag danach zu handeln.

LITERATUR

BÄRMANN, F.: Der Tagesablauf des Kindes wird überdacht. In: LAUTERBACH, R., MARQUARDT, B. (Hrsg.): Sachunterricht zwischen Alltag und Wissenschaft. Frankfurt: Arbeitskreis Grundschule, 1982, S. 197–213.

DART, E. F., PRADHAN, P.L.: Cross-Cultural Teaching of Science. Science 1967, Vol. 155, pp. 649–664.

DÖPPER, C., FRÖHLING, Chr., MINSSEN, M.: Über das Leben der Dinge in ihren alten Tagen und danach. Spuren, 1984, Nr. 8, S. 18–23.

HIMMELHEBER, H. (Hrsg.): Aura Poku – Mythen, Tiergeschichten und Sagen, Sprichwörter, Fabeln und Rätsel, aufgenommen auf einer völkerkundlichen Forschungsreise an der Elfenbeinküste. Eisenach: Röth, 1951.

MEAD, M., MÉTRAUX, R. H.: Image of the Scientist among High School Students. Science 1957, Vol. 126, pp. 384–390.

MINSSEN, M.: Using Traditional Materials For Equipment in Chemistry Education – Neglected Relationships with the Substance of Nature. In: THULSTRUP, E. W., WADDINGTON, D. (Eds.): Proceedings of the Workshop on Locally Produced Laboratory Equipment for Chemical Education, Copenhagen 1983/84, pp. 189–193.

MINSSEN, M.: Begutachtung der naturkundlichen Materialien des Projekts „Peru: Zweisprachigkeit in Primarschulen" der Deutschen Gesellschaft für Technische Zusammenarbeit. GTZ: Bildungsreport, Eschborn, 1986.

MINSSEN, M.: Das Gold von Peru. Scheidewege 1986/87.

TURNER, A. D., INGLE, R. B.: Science Curricula as Cultural Misfits. European Journal of Science Education, 1981, Vol. 3, pp. 357–371.

3. Kapitel

Düfte und Gerüche*

Die kurze Ankündigung am Anschlagbrett im dunklen, nach Putzmitteln riechenden Flur eines Gymnasiums hat den Titel „Duftöle". Vom Institut her wird das Projekt in Zusammenarbeit mit einem Chemielehrer der Schule betreut. Anlaß ist eine Projektwoche, in der sich Gruppen von Jungen und Mädchen aus verschiedenen Klassen zusammenfinden zu Aktivitäten, die keinen eigenen Platz im Lehrplan haben. Dazu gehören: Strafprozesse in Rollenspielen bearbeiten, Tänze der Renaissance üben, ein Labyrinth aus Licht und Dunkelheit anlegen, Windräder bauen.

15 Mädchen, die jüngsten aus der 8. Jahrgangsstufe, die ältesten aus der Klasse 13, haben sich dafür entschieden, Duftstoffe aus Pflanzen zu gewinnen. Zwei von ihnen wären lieber in eine Strickgruppe gegangen, aber die ist voll. Es sind ausschließlich Mädchen, die das Projekt gewählt haben und das zeigt, daß es nicht irgendeine Art von Chemie ist, die erwartet wird. Da hätten sich wohl umgekehrt fast nur Jungen zusammengefunden.

Den Projektverlauf beschreibe ich in der Reihenfolge der einzelnen Tage und komme jeweils von daher zu den Komponenten des Projekts.

Eine gute Woche vor dem Beginn aller Projekte finden Vorbesprechungen statt, in denen die Initiatoren ihren Vorschlag und die möglichen Vorgehensweisen mit den Schülern besprechen. Auch in meinem Fall handelt es sich ja nicht um eine Projektidee der Schüler, sondern ich habe ein Angebot gemacht, über das man sich nun unterhält. Ein Referendar der Schule, der Chemie unterrichtet und für die Sammlung zuständig ist, hat sich bereiterklärt, bei der Betreuung des Projekts zu helfen. Wir treffen

*Eine Vorstudie erschien 1983 im Sammelband „Lehrerbildung Sachunterricht" (s. Literaturverzeichnis).

uns im Chemiesaal der Schule. Ich will das Projekt mit einem Videofilm dokumentieren. Kurt, unser Techniker, ist von Anfang an mit Kamera und Mikrofon dabei. Nachdem die Kamera eine Weile läuft, gibt es den ersten Interessenkonflikt: Die Schülerinnen fühlen sich durch die Bild- und Tonaufnahmen beobachtet und gehemmt. Ich dagegen will nicht auf die Bilddokumentation verzichten. Wir vereinbaren, die Technik zwischendrin auf längere Passagen abzuschalten. Ein weiterer Unsicherheitsfaktor rührt daher, daß die Schülerinnen aus verschiedenen Klassen kommen und sich zum großen Teil erst kennenlernen oder um ein dem Projekt näheres Wort zu wählen – beriechen müssen. Statt mir dafür Zeit zu nehmen, komme ich – zu früh – zur Sache: Warum haben die Teilnehmerinnen das Projekt gewählt, was wollen sie tun? Es gibt eine Pause, schließlich die Antwort von mehreren: Das Projekt wird wohl irgendetwas mit Parfüm zu tun haben. Dann bekomme ich die Frage zurück: Da ich das Thema angeboten habe, soll ich es erst einmal erläutern. Ich greife das Stichwort „Parfüm machen" auf und gebe einen kurzen Überblick über die Geschichte der Herstellung von Duftstoffen, wie sie schon 1500 Jahre vor Christi Geburt in China erwähnt worden sind. Dann komme ich auf die Verbreitung dieser Kunst in den Orient hinein zu sprechen, wo sie etwa 500 Jahre nach Beginn unseres Kalenders eine erste Blüte erreicht hat, um von dorther kommend an der Mittelmeerküste Frankreichs Fuß zu fassen. Ich verteile Kopien von arabischen Rezepten und von Duftstoffkapiteln aus Chemiebüchern, die aus der Zeit um 1850 bzw. der Jahrhundertwende stammen, als die Präparation ätherischer Öle noch zur naturwissenschaftlichen Ausbildung bzw. zum Schulstoff gehörte*.

Dann komme ich auf meine Grundidee zu sprechen, vor deren Hintergrund ich ein solches Projekt sehe. Es geht um die Verbindung von Erkenntnissen und Beziehungen gegenüber Stoffen: Wenn einer aufmerksam um sich herumschaut nach all dem, was Stoff ist, so kann er bei seinem eigenen Körper anfangen, bei Haut und Haaren, bei Nahrungsmitteln, die er sich einverleibt

*Al-Kindi, Stöckhardt, Rüdorff (s. Literatur am Schluß).

und in sich umwandelt. Er kann weitergehen zur Luft, die er atmet, zum Holz von Tisch und Stuhl, zu den Steinen des Hauses, in dem er wohnt, zum Boden, auf den er seine Füße setzt, sei das nun Strand oder Asphalt. Stoff: das bedeutet auch Baumrinde, Gräser, Marmor, Wolken und Regen und vieles andere mehr. Stoff sind auch die Gerüche auf dem Wochenmarkt, am Hafen, in der Bäckerei, in Kirchen und Gärten. Zusätzlich zu Sehenswürdigkeiten gibt es Riechwürdigkeiten in der Stadt. In vielen dieser Beispiele ist der Stoff unpräpariert und individuell. Kein Stück Marmor hat die gleiche Äderung wie ein zweites, keine Maserung des Holzes wiederholt sich genau, wenn man das nächste Stück in die Hand nimmt. Insofern muß man sich, will man dem Stoff gerecht werden, bei jeder Begegnung neu konzentrieren.

Kinder lernen Stoffe so kennen, in Form von jeweils anderen Steinen am Strand, in Form von Kastanien mit besonderer Glätte und Form. Werden solche stofflichen Dinge gesammelt, hat man zu jedem eine andere Beziehung. Selbst gleichförmig erscheinende Stoffe wie Wasser oder Matsch zeigen immer neue Farbverteilungen, Lichtreflexe, Strömungslinien, geben immer neue Geräusche. All diesen stofflichen Erscheinungsformen kann man mit Umgangsweisen begegnen, die der dialektischen Struktur der Gesamtpersönlichkeit entsprechen. Das heißt, die Stoffe werden einerseits bewußt gesehen und sind auch mit Worten beschreibbar und einteilbar, sie wirken andererseits auch am Bewußtsein vorbei, erregen noch spontan vor jeder Begründung Freude, Bewunderung, Staunen oder gelegentlich auch Ekel und Abneigung. Das heißt, der dialektisch beschreibbaren *Struktur der Persönlichkeit* aus bewußten und unbewußten Komponenten entspricht hier ein *Prozeß der Erfahrungen* mit den Dingen, weil sowohl bewußte wie unbewußte Erfahrungen gemacht werden, erste Kenntnisse sich sammeln, während sich gleichzeitig Beziehungsprozesse mit den Dingen der Welt aufbauen.

Hier ändert sich einschneidend etwas, wenn die ersten Begegnungen mit dem naturwissenschaftlich aufgefaßten Stoff in den Wänden des Laboratoriums außerhalb der Natur stattfinden. Dort ist der Stoff „rein", präpariert, standardisiert, pulverisiert oder in verdünnter Lösung. Ein und derselbe Stoff ist sich immer gleich, ja selbst ganz verschiedene Stoffe sind zum gleichen Erscheinungsbild aufgearbeitet. Bariumsulfat, Zinkchlorid und Titandioxid erscheinen als mikrokristalline weiße Pulver, nur vom Flaschenetikett her unterscheidbar, Benzol, Ethanol und Propanon analog als farblose Flüssigkeiten. Unbewußte Beziehungen positiver Art sind hier nur schwer aufzubauen, dazu erscheint der Stoff als zu kahl und zu wenig greifbar, umso mehr dient er bewußten Operationen entlang den Kriterien von Feinbau und Funktion.

Zwar sind die aus den Pflanzen präparierten Duftwässer und Öle schon erste Stufen auf dem Wege zum abstrakten Stoff. Aber noch handelt es sich nicht um chemisch reine Substanzen, sondern um komplexe Mischungen. In der Uneinheitlichkeit drücken sich unter anderem die Lebensbedingungen der verwendeten Pflanze, die Art der ausgewählten Pflanzenteile, die Frische bei der Verarbeitung, die Temperaturverhältnisse und die Dauer des Destillierens aus.

So haben all diese Präparate noch eine individuelle Gestalt, unsichtbar, aber mit der Nase wahrzunehmen. Mit „grün", „spitz", „samtig", „bitter" und „warm" übersetzen Parfümeure Gerüche in das Vokabular anderer Sinne. Hinter dem Duft der ätherischen Öle liegen Individualität und Geschichte des Stoffes.

Mit dem Thema Gerüche und Duftstoffe läßt sich auf beide Dimensionen der menschlichen Beziehung zum Stoff besonders gut aufmerksam machen: Der subjektiven Konzentration auf das Dufterlebnis mit allen möglichen Vorlieben und Abneigungen, Assoziationen, Wirkungen auf die Atmung, Bildern und Erinnerungen läßt sich die allgemeine Seite der handwerklichen Verfahrensregeln und der Systematisierungen zugesellen.

Es steckt ziemlich viel an Vorgedachtem hinter meiner Projektinitiative. Ich versuche die Ideen möglichst einfach mitzuteilen. Wollen wir im Laufe des Projekts hin und wieder darauf zurückkommen? Nach kurzer Diskussion sind die Schülerinnen sich einig, daß sie – bei allem Reiz, den einige an solchen Überlegungen finden – doch vor allem gekommen sind, um etwas mit den Händen zu machen, etwas herzustellen. Sie wollen etwas über das Handwerk lernen und Produkte erzeugen. Für wen sollen die Produkte hergestellt werden? Die Schülerinnen wollen sie für sich selbst, Freunde und für eine Ausstellung am Schluß der Projektwoche. Ich frage, ob wir, wenn die Sachen gut werden, auf einen Wochenmarkt damit gehen sollen. Ja, das ist eine mit allgemeiner Zustimmung begrüßte Idee.

Wir treffen Verabredungen über die Einteilung der Woche und skizzieren die Aktivitäten. Die Schülerinnen wollen in der Regel den Projekttag so gegen 9.00 Uhr anfangen und bis etwa 13.00 Uhr arbeiten.

Am ersten Tag, dem Montag der übernächsten Woche soll ich Arbeitstechniken vermitteln. Ich verlange dafür, daß die Schülerinnen Pflanzenteile und Gewürze sowie einfache Haushaltsutensilien mitbringen: Siebe, Kaffeefilter, Einmachetiketten, Fläschchen, leere Salbentöpfchen.

Für den Dienstag ist geplant, draußen wildwachsende Pflanzen zu sammeln und daraus Duftmischungen zu präparieren. Der Chemielehrer verfügt auch über botanische Kenntnisse und erklärt sich bereit, bei der Bestimmung der Pflanzen zu helfen, wenn sich sonst niemand auskennt. Ich schlage ein aufgelassenes ehemaliges Kleingartengelände – Biologen nennen das eine Ruderalfläche – hinter unserem Institut für die Pflanzensuche vor. Dann können wir einen Botaniker des Instituts zur Bestimmung der Pflanzen hinzuziehen und gleich hinterher mit der Aufarbeitung im Institutslabor beginnen; gleichzeitig sparen wir den langen Rückweg zur Schule.

Am Mittwoch soll für einen mittelgroßen Stadtteilmarkt produziert werden, der am Donnerstag stattfindet. Ich übernehme den Auftrag, beim Ordnungsamt der Stadt eine Genehmigung für einen Standplatz einzuholen. Das soll besser ein Erwachsener tun. Am Freitag wird es wohl darum gehen, die Abschlußausstellung vorzubereiten, mit der am Samstag das Projekt beendet werden soll. Zumindest von der Zeitaufteilung her hat diese Projektskizze eine feste und keine vorläufige Struktur: üben, suchen, produzieren, verkaufen, Ausstellung vorbereiten, ausstellen. Bestimmendes Ereignis ist der festliegende Markttag. Der Mittwoch auf dem Hauptmarkt wäre zu früh, weil wir dann voraussichtlich nicht genügend Erzeugnisse zum Verkauf hätten. Der Freitag wäre zu spät, weil dann keine Vorbereitungszeit für die Ausstellung bliebe. Die erste unvorhergesehene Hürde tritt noch vor dem Projektmontag auf, als ich den Stand anmelden will. Sie droht, den Plan zunichte zu machen. Nach der gültigen Marktordnung sieht es zunächst gut aus. Es steht zu lesen, daß auf Wochenmärkten „Kleinkosmetika" verkauft werden dürfen, „Fußöle" und Seifen werden darunter namentlich aufgeführt. Ich soll nur noch den Termin mit dem Amtsleiter festmachen, der gerade außer Haus ist. Der Amtsleiter ist dann aber mit einem guten Argument dagegen. Ein Markt habe einen besonderen Charakter, der nicht durch fremde Aktivitäten gefährdet werden soll. Informationsstände ohne ernsthaften Verkaufscharakter gehören zum Beispiel nicht auf den Markt. Wollen wir informieren, darstellen oder verkaufen? Was ist das für ein Projekt? Dann besinnt sich der Amtsleiter, daß auf den alten Märkten aromatische Wässer zum regelmäßigen Handelsgut gehörten. Eigentlich wäre es doch schön, das wieder zu beleben. Wir bekommen die Genehmigung, brauchen keinen Gewerbeschein, da wir nur einmal auftreten, bekommen die Standgebühr, die etwa 10,- DM ausgemacht hätte, erlassen wegen des pädagogischen Anliegens, wie er sagt. Einen Standplatz sollen wir mit dem Marktmeister vereinbaren.

Der Montag, der erste Projekttag, wird durch reichliches Handwerk und magere Ergebnisse geprägt. Die Teilnehmerinnen zeigen sich gegenseitig die Kräuter, Blumen und Früchte, die sie mitgebracht haben und von denen sie finden, daß sie gut duften. Das Projekt fällt in die letzten August- und ersten Septembertage. Man wird je nach Jahreszeit andere Materialien vorfinden bzw. kaufen müssen. Frische Sachen sind in der Regel besser als getrocknete, die man in Apotheken und Drogerien bekommt, die sich auf Kräuter spezialisiert haben. Wir haben frisch aus dem Garten und vom Markt: verschiedene Rosen, Lavendel, Melisse, Rosmarin, Thymian, Pfefferminze, Majoran, Zitronen, Basilikum, Salbeiblätter und aus der Küche Zimt, Nelken und Vanille. Einige Pflanzen kennen wir nicht und geben ihnen eigene Namen. Eine besonders schöne Rose nennen wir Himbeerrose, weil sie ein entsprechendes Aroma ausströmt.

Ich leite zu einer Reihe von Verfahren an, die ich hier kurz auch einmal für Leser, die nicht vom Fach sind, charakterisiere:

- Das erste besteht lediglich im Zerkleinern und Mischen verschiedener geeigneter Pflanzenteile, die eventuell mit ein wenig Öl oder Harz oder Hautfett zu einer Paste verrührt und dann gut verschlossen (zum Beispiel mit Wachs) aufbewahrt werden.
- Das zweite – ebenfalls sehr einfach durchführbare – Verfahren ist ein Adsorptionsverfahren. In der frühen französischen Duftstoffindustrie in der Provence wurde mit der sogenannten „enfleurage" gearbeitet. Frische Blüten werden auf eine möglichst geruchsneutrale Fettschicht gebracht und mehrfach durch neue Blüten ersetzt. Es dauert einige Tage, bis das Fett genügend Duftstoff aufgenommen hat, aber dafür ist es ein sehr schonendes Verfahren.
- Bei weniger empfindlichen Blüten läßt sich mit der „Mazeration" (bedeutet ursprünglich Auslaugen mit kaltem Wasser) arbeiten. Man erwärmt die Pflanzenteile mit Öl oder Fett in einer Pfanne und zieht so die Duftstoffe heraus.
- Die Mazeration ist ein Spezialfall einer Extraktion. Bei der Extraktion macht man sich zunutze, daß die ätherischen Öle der Pflanzen in Wasser kaum, in Alkohol sowie in Ölen und Fetten gut löslich sind, was eine alte chemische Spruchweisheit zusammenfaßt, indem sie sagt, daß Gleiches in Gleichem gelöst wird. Ein Beispiel für die Durchführung eines solchen Verfahrens ist die alltägliche Bereitung von Tee oder Kaffee. Das heißt, man kann sich hier, wenn Laborgeräte zur Extraktion nicht vorhanden sind oder möglichst wenig benutzt werden sollen, mit den Utensilien zum Kaffeefiltern behelfen. Man kann die zerkleinerten Pflanzenteile einige Zeit in Alkohol stehen lassen oder schütteln und dann die Lösung durch das Filter gießen. Das ist einfach. Es gibt auch ausgesprochene (auch nicht sehr komplizierte) Extraktionsanordnungen (zum Beispiel nach *Soxhlet),* die für Schullabors erschwinglich sind: Das Lösungsmittel wird aus einem Kolben verdampft, der Dampf kondensiert sich in einem Kühler,

tropft dann durch eine Papierhülse hindurch, in der sich die Pflanzenteile befinden, in das Lösungsmittelgefäß zurück.

- Das vierte Verfahren zur Gewinnung von Duftölen ist die Destillation. Auch das ist ein Verfahren, das sich sowohl erstaunlich einfach wie auch ziemlich aufwendig durchführen läßt. Eine ganz einfache Version soll aus einer Fibel für Grundschulkinder auf den Salomon-Inseln wiedergegeben werden: Die Kinder bringen eine mit kaltem Wasser gefüllte Flasche schräg in den Dampf, der aus einem Becher aufsteigt. Der Dampf kondensiert sich an der Flasche, und die Tropfen laufen schräg hinunter in ein Auffanggefäß (Abb. S. 73).

Um dabei nicht zu viel Dampf zu verlieren, experimentieren die Kinder mit Helmen aus Papier oder Bananenblättern, die sie über der Flasche anbringen. Man muß darauf achten, daß man die Hände nicht in den Dampf bekommt.

Statt des offenen Bechers kann man auch einen Kaffeekessel mit einem vergleichsweise dünnen Dampfstrahl nehmen. Das Foto auf Seite 73 unten zeigt zwei Schülerinnen aus einer 8. Klasse bei der Arbeit im Projekt. In der Kaffeekanne befindet sich Wasser mit Lavendelblüten.

- Weiter wird eine Trockendestillation durchgeführt. In einer Retorte wird Lavendel erhitzt. Die Tröpfchen kondensieren im Retortenhals.
- Ein bewährtes Laborverfahren zur Darstellung „aromatischer Wässer" ist die Wasserdampf-Destillation. Der Dampf sprudelt durch ein Gefäß, in dem die Pflanzenteile schwimmen und reißt die ätherischen Öle mit. Bei Abkühlung des so beladenen Dampfes entsteht das „aromatische Wasser". Die Abbildung auf S. 75 oben zeigt eine solche Apparatur, mit der wir gerade Öl aus einer Minze gewinnen. Wenn man eine genügend große Menge einer ölhaltigen Pflanze hat, kann es sich lohnen, die „Essenz" aus dem Destillat, der Emulsion des Öls in Wasser, abzutrennen. Vor der zuletzt abgebildeten Apparatur steht eine „Florentiner Flasche", die wir von einem Glasbläser haben nachbauen lassen. Sie dient zur Anreiche-

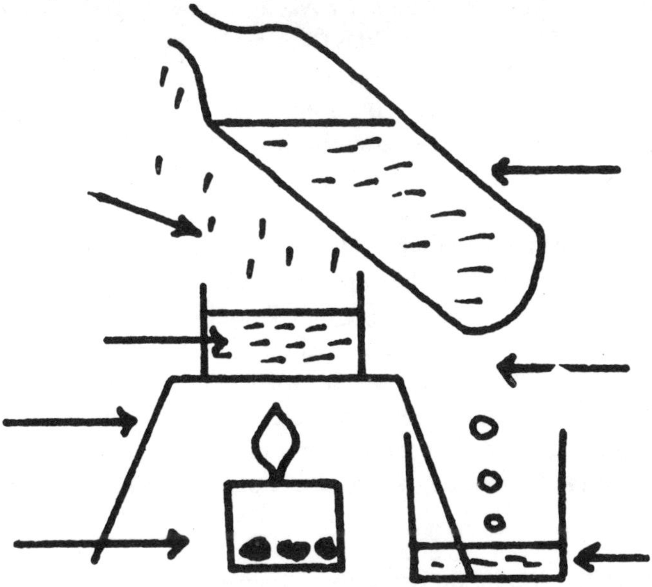

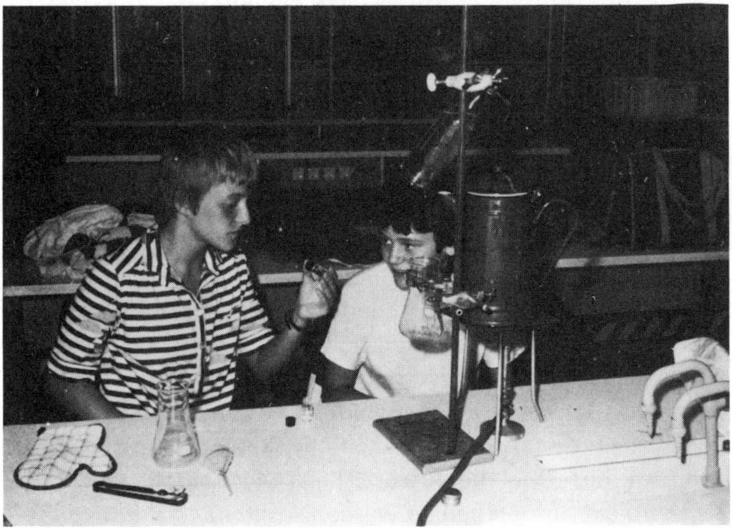

Einfache Destillation mit einer Flasche, die als Kühler dient (nach den Lehrmaterialien für die Salomoninseln)

rung des Duftöls in dem Öl-Wasser-Gemisch. Das Destillat fließt oben in die Flasche, das Öl sammelt sich an der Oberfläche, während das hinzukommende Wasser nach und nach durch das seitliche Rohr unterhalb abfließt. Das ist ein hübsches Gefäß, aber auch zur Anreicherung des Öls kann man sich mit einer einfachen selbstgebauten Anordnung helfen. Man nimmt einen Trichter, dessen Stutzen man mit einem Stück Schlauch verlängert. Den Schlauch verschließt man mit einer Klammer (Wäscheklammer, große Büroklammer, notfalls quetscht man ihn mit den Fingern zusammen). Man bringt das Gemisch in den Trichter und läßt das unter der Ölschicht stehende Wasser so vorsichtig heraus, daß kein Strudel entsteht, der das Öl mitreißt. Steht ein Schullabor zur Verfügung, wird man dort vermutlich einen fertigen Scheidetrichter finden, der am Auslaufstutzen gleich einen Hahn hat.

Die Mädchen freunden sich sehr schnell mit den verschiedenen Verfahren an. Gruppen finden sich zusammen, räuchern, machen eine „Duftsahnetorte" – Fett mit Blüten –, zerkleinern, reiben, extrahieren, filtrieren, destillieren. Es sieht sehr bunt auf dem Labortisch aus (siehe Abb. S. 75, unten). Es ist eine zugleich arbeitsame und lustige Stimmung. Dann kommt die Enttäuschung. Die Produkte haben nicht viel mit dem zu tun, was die Teilnehmerinnen erwarten, nämlich Parfüm. Bestenfalls riecht es nach Kräuterküche.

Die Destillate, mit Ausnahme der Produkte der Wasserdampfdestillation, haben oft eine strenge oder gar brenzlige Note. Das gilt am stärksten für die Trockendestillation. Die zur Enfleurage und Mazeration verwendeten Fette und Öle haben einen zu starken Eigengeruch. Am schlimmsten ist das als besonders hautverträglich gepriesene Schafwollfett. Gegen den Schafgeruch kommt nichts an. Auch aus Alkoholextrakten ist außer Alkohol zunächst nicht viel herauszuriechen. Die beiden, die in das Strickprojekt aufgenommen werden wollten, erfahren zu ihrer Erleichterung, daß dort zwei Plätze frei geworden sind und gehen. Die anderen bleiben und trösten sich mit dem Essen von

Wasserdampfdestillation von Pfefferminze (oben) und der bunte Tisch am ersten Arbeitstag

Äpfeln, die ich mitgebracht habe. Wenigstens das ist gut. Ob wir den Markt vergessen müssen? Eine Schülerin schlägt vor, fertige Essenzen zu kaufen und daraus etwas zu mischen. Das ist aufmunternd gemeint, aber wäre doch ein Aufgeben. Ich plädiere für Geduld.

Der Dienstag fängt mit der Arbeit draußen an. Durch den leichten Nebel eines Spätsommermorgens bahnt sich allmählich die Sonne. Es liegt Tau auf den Blättern, Blüten und Halmen. Alle gehen ohne Vorwissen der Nase nach. Unser Techniker filmt einen prächtigen Pilz, der auf einem Baumstumpf wächst und nicht eigentlich ins Programm gehört und unterlegt später aus eigenen Stücken die Filmsequenzen dieses Morgens mit Chopin. Das ist eine fast zu starke Unterstreichung. Man sieht überall einzelne Personen, die sich bücken, etwas zwischen Daumen und Zeigefinger zerreiben und schnuppern, auf andere zugehen: „Riech mal!". Dieses ungeplante Auf und Ab von Einzelgehen und Mitteilen hat einen schönen Rhythmus. Erst hinterher wird mit Hilfe von Frank, dem Botaniker, sortiert und gelernt. Zu den aromatischen Pflanzenfamilien zählen die Korb-, Schirm-, Lippen- und Kreuzblütler. Wir haben

an Korbblütlern gefunden: Beifuß, Schafgarbe und Rainfarn,
an Schirmblütlern: Bärenklau, wilde Möhre,
an Lippenblütlern: rundblättrige Minze, kleine Braunelle,
an Kreuzblütlern: Wegrauke, Hirtentäschelkraut, Meerrettich.

Ein anderer Fund ist ein Nelkengewächs, das Seifenkraut, das früher zum Parfümieren billiger Seifen verwendet wurde, seine Wurzeln, die Saponine enthalten, auch direkt als Waschzusatz.

Für eine Teepause und die Weiterverarbeitung der Pflanzen im Labor gehen wir ins Institut. Im Flur zupft eines der Mädchen heimlich ein Blatt von einer Topfpflanze, einer Pelargonie, ab. Es riecht ähnlich wie Zitronenmelisse. „Habt Ihr davon noch mehr gefunden?" Alle lachen. Anschließend im Labor klappt es gut, dieses Mal auch, was die Produkte angeht. Ich habe ein paar Tips gegeben:möglichst schnell und schonend arbeiten, also bei der Destillation langes gemeinsames Erhitzen von Wasser-Pflanzenmischung vermeiden, die Pflanzenteile erst zugeben, kurz bevor das Wasser kocht, am besten die Wasserdampfdestillation verwenden, einen starken Dampfstrom schnell durchsprudeln lassen, nur die ersten Portionen des Destillates verwenden; beim Mischen als Grundlage einen frisch riechenden und einen schwerer riechenden Teil zusammengeben, z. B. Zitronendestillat mit Lavendeldestillat mischen, dann mit anderen Destillaten aus Gewürzkräutern, Blumen und Hölzern die Nuancen setzen.

Anhand der Geräte, die zum Arbeiten aufgestellt sind, gebe ich nebenbei einen kurzen Überblick über die Geschichte der Gewinnung von Destillaten, Extrakten und abgeschiedenen Ölen. Eine Soxhlet-Extraktionsapparatur ist da, die Florentiner Flasche, eine von einem Töpfer nach meinen Anweisungen nachgebildete und mit Ornamenten geschmückte afrikanische Topfdestille, wie sie seit Jahrhunderten zur Gewinnung von Schnaps aus Zuckerrohrbier verwendet wird (siehe Abb. S. 78). Aber das wichtige ist heute der Anfang der Produktion.

Die von den Schülerinnen gewonnenen Wässer und Mischungen duften angenehm. Offensichtlich lassen sich die Mädchen jetzt auch mehr auf die Pflanzendüfte ein. Die Produkte entsprechen von den Zusammensetzungen her den frühen Riechwässern und nicht den heutigen raffinierten Parfüms aus vielen natürlichen und synthetischen Komponenten. Alle sind optimistisch, als wir auseinandergehen, nur der Referendar nimmt mich beiseite und äußert Zweifel daran, daß wir uns wirklich auf den Markt trauen können.

Am nächsten Tag, dem Mittwoch, wird die Produktion im Chemieraum der Schule fortgesetzt. Die Beharrlichkeit hat sich gelohnt, es entwickelt sich in Ansätzen so etwas wie Routine und Professionalität. Dazu trägt auch eine Apothekerin bei, die sich auf meine Anfrage hin bereiterklärt hat, den Schülerinnen zu zeigen, wie man Salben rührt. Wir verwenden Eucerin, das selbst nur einen schwachen, recht neutralen Eigenduft hat und jeweils durch Zusetzen von ein paar Tropfen unserer Destillate und Extrakte und Reiben im Mörser eine jeweils charakteristische Note bekommt. Einen Teil des Eucerins haben die Schülerinnen sich von einem anderen Apotheker schenken lassen für das Versprechen, ihm ein paar Proben der fertigen Produkte zu geben. Das

Die Topfdestille nach afrikanischem Vorbild

Reiben geht schnell; es entstehen Produkte, die im Vergleich zu im Handel erhältlichen Salben einen anziehenderen Duft haben. Von Salben wird auch nicht erwartet, daß sie so verführerisch riechen wie Parfüms. Alles in allem erzielt man bei der Salbenherstellung rasch sichtbare Ergebnisse. Etwa die Hälfte der Schülerinnen reibt Salben. Die anderen destillieren und extrahieren. Die papierenen Extraktionshülsen nehmen Schichten von bunten Blütenfarben an. Als Ausgangssubstanzen der Destillationen haben sich neu die Pfirsichkerne durchgesetzt. Es wird überall laut gehämmert, um an die mandelförmigen Samen in den Kernen zu kommen. Jetzt geht es so selbständig zu, daß ich mich mit der Apothekerin bald zum Projekt „Caféteria" davonmachen kann, ein paar Räume weiter. Wir werden nicht mehr gebraucht. Nur der Chemielehrer bleibt im Labor zurück, damit nichts passieren kann.

Am Schluß des Vormittags sind weit über 50 Fläschchen mit Salben und Wässern gefüllt. Das ist der Grundstock für den Markt. Auf dem Markt soll weiter produziert und aus dieser Herstellung heraus auch verkauft werden. Die Schülerinnen sprechen untereinander ab, wer was für den Markt mitbringt: Vor allem einen Tapeziertisch als Stand und einen Sonnenschirm, falls es regnet.

Am Markttag haben die Schülerinnen endgültig die Regie übernommen. Am Anfang gibt es noch eine kleine Panne. Sie versuchen gegen 8.00 Uhr mit ihren Autos auf den vom Marktmeister vorher angewiesenen Platz zu fahren, um dort auszupacken. Da sind die anderen Stände schon aufgebaut und die Besitzer protestieren dagegen, weil der Auspuffqualm über ihre fertig ausgelegten Blumen, Früchte und Fische ziehen würde und die Kunden sich an den Autos vorbeiquälen müßten. Also wird alles per Hand transportiert, sich entschuldigt und erklärt, was da stattfinden soll. Nach einiger Zeit kommen die Marktleute rüber, um selbst zu gucken. Die Fläschchen und Uhrgläser blitzen in der Sonne und die Apparaturen laufen. Die Kühlung der Wasserdampfdestillation wird aus einem Campingkanister gespeist, Campingbrenner dienen auch als Heizquelle. Auf einer Ecke des Verkaufstisches werden Salben gerührt. Ein Poster gibt einen Überblick über die Geschichte der Riechstoffe. Die Schülerinnen haben den Projektnamen geändert in: 1001 Düfte. Die Proben kosten zwischen fünfzig Pfennig und einer Mark. Ob man davon leben könnte, ob überhaupt jemand etwas kauft? Die ersten Einnahmen werden auf einem Uhrglas gesammelt, das bald zu klein ist. Den Schülerinnen macht es Spaß, mit fremden Leuten zu reden, sie schnuppern zu lassen. Fast alle Kunden sind Frauen. Zu den Apparaturen wird meist der Chemielehrer gefragt. Ich sitze auf einer Kiste in der Sonne etwas hinter dem Stand und gucke nur noch zu. Kurt hat bald genug gefilmt und geht, um das Videoband für die Projektausstellung zurechtzuschneiden. Ich mache ein paar Fotos (siehe S. 80). Gegen Mittag sind nicht mehr viele Proben da: Die besten Präparate haben die Schülerinnen für sich selbst und ihre Bekannten abgezweigt. Für knapp vierzig Mark ist verkauft worden. Der Rest soll mit in die Schlußausstellung.

Am Freitag ist die Spannung aus dem Projekt raus. Die Schlußausstellung soll so aufgezogen werden wie der Markt, nur eben im Chemieraum. Dafür wird nicht mehr vorproduziert. Vom

Auf dem Markt

Markt her sind noch Reste da, und während der Ausstellung soll gleich von der laufenden Produktion verkauft werden. Wegweiser zum Chemieraum muß man noch machen. Das ist alles. Wir haben viel Zeit, um uns über das Projekt zu unterhalten.

Erst einmal: Welcher Tag war gut? Zweitens soll jede, falls sie dazu Lust hat, von sich erzählen, was sie überhaupt gerne tut. Angela*, 11. Klasse, hat den Donnerstagsmarkt und die am Mittwoch vorangegangene Produktion gleich gut gefunden. Susanne, die gerne liest und Musik hört, ist gleicher Meinung. Am Markt hat ihr besonders der Kontakt zu vielen unbekannten Leuten gefallen. Sie geht überhaupt gerne mit Menschen um. Für Birte, die gerne Handarbeiten macht, ist der Mittwoch am besten gewesen, da ist am meisten geschafft worden, findet sie.

Der Markttag und der Tag davor werden insgesamt etwa gleich positiv beurteilt. Einige haben den Institutstag, vor allem den Laborteil, ähnlich gut gefunden. Für Ute sind die Momente am Rande mit am wichtigsten gewesen: das gemeinsame Sitzen beim Tee, die mitgebrachten Äpfel und Kekse. Für sie ist bei einem Projekt nicht nur das wichtig, was man dabei schafft. Die Stimmung ist nicht nur an unmittelbare Erfolge der Arbeit gebunden, sondern hat auch damit zu tun, wie man die anderen dabei kennenlernt. Nur eine hat alle Tage in gleichermaßen guter Erinnerung;eine von den „Kleinen" aus der Untertertia sagt noch einmal, wie enttäuscht sie vom ersten Tag war, als alles, was 'rauskam, „komisch" roch.

Würde ich so etwas noch einmal machen, gehörten die Produktionstips vom zweiten Tag an den Anfang. Ich würde klarmachen müssen, daß die alten Riechwässer und die heutigen Parfüms nicht dasselbe sind. Oder ich würde, so wie ich eine Apothekerin mitgebracht habe, versuchen, an einen Parfümeur zu kommen. Offenbar hat es gerade dort Spaß gemacht, wo es ernsthaft und ein bißchen berufsnah wurde: im Institutslabor, in der konzentrierten Produktion im Chemieraum, auf dem Markt, wo die Absetzbarkeit der Produkte wichtiger Bestandteil der Projektdemonstration war.

*Die Namen sind geändert.

Ein paar Schülerinnen sind jetzt auch interessiert an meinen Ideen zu Naturbeziehungen. Wie man dazu wohl ein Duftstoff-Projekt anfangen müßte? Ich denke, daß man dazu mehr Teilnehmer braucht, die sich in verschiedene Gruppen aufteilen und eine andere Zeitorganisation als die der Projekt*woche,* die nahelegt, in einem Stück auf ein bestimmtes Produkt hinzuarbeiten. Man brauchte nicht unbedingt mehr Zeit, aber anders aufgeteilte Zeit. Beispiel: Eine Klasse arbeitet über mehrere Wochen in Stundenblöcken immer mal wieder an verschiedenen Teilaktivitäten. Einige von diesen Aktivitäten können mehr angeleitet sein, in anderen machen sich die Schüler stärker selbständig.

Unter dem Gesichtspunkt der Naturbeziehungen war ein Nachteil des Projekts, daß zwar Pflanzen draußen im Garten und im Ruderalgelände gesammelt wurden, die Verarbeitung jedoch drinnen im Laboratorium erfolgte, oder – etwas gemildert – auf den Markttischen, die zwar nicht durch eine Wand, aber durch die Entfernung von den Fundorten der Pflanzen getrennt waren.

Eine Teilaktivität des Projektes könnte darin bestehen, Geräte zusammenzustellen und zu entwerfen, mit denen man nach draußen gehen und dort arbeiten kann. G. Hoffmann beschreibt, wie früher in den provencalischen Alpen die Verarbeitung am Ort der Ernte üblich war: „Die überlieferte Technik der Gewinnung der in den Blüten und Pflanzen enthaltenen aromatischen Stoffe bestand in der Destillation. Diese wurde damals noch auf offenem Feuer durchgeführt. Wahrscheinlich verwandte man auch schon die einfachen tragbaren Destillierkolben aus Kupfer, wie man sie noch heute in einsamen Berggegenden der Basses-Alpes und Hautes-Alpes antrifft. Man trägt sie an Ort und Stelle, beschickt den Kessel mit dem Pflanzenmaterial und Wasser und erhitzt ihn. Das bei der Verarbeitung überdestillierende Wasser enthält die Duftstoffessenz, die in öligen Tröpfchen auf dem Wasser schwimmt. Man trennte anfänglich diese Essenz noch nicht von dem kondensierten Wasser, sondern verkaufte das Ganze als ‚aromatisches Wasser'."

Die auf Seite 78 gezeigte Topfdestille bietet ein Beispiel für eine solche mögliche Mobilität: Die Apparatur hat gegenüber einer Glasanordnung den Nachteil, daß sie nicht durchsichtig ist und auch immer Dampf durch Entweichen verlorengeht. Andererseits hat sie verschiedene Vorteile: Einmal kann man die Topfdestille nicht nur zur Destillation, sondern auch zur Extraktion benutzen, wenn man den Auffangtiegel herausnimmt und stattdessen das zu extrahierende Material in den Siebeinsatz bringt. Der Hauptvorteil der Apparatur besteht darin, daß sie gegenüber einer üblichen Glasdestille sehr handlich ist. Es ist alles in einem Topf, den man mit nach draußen nehmen kann, während die Komponenten der Glasapparatur mit der üblichen Dreiteilung in Destillationskolben, Kühler und Auffanggefäß nur auf einem ebenen Tisch mit Stativteilen aneinandergefügt werden können, was in der Regel einen Laborplatz erfordert.

Damit sich in dieser Teilaktivität nun aber nicht alles wieder aufs Apparativ-Handwerkliche konzentriert, muß auch das Draußen als Umgebung wahrgenommen werden. Merkwürdig, daß wohl auf keine Schülerin der halbe Vormittag draußen in dem aufgelassenen Gelände soviel Eindruck gemacht hat wie auf den Techniker und auf mich. Liegt das daran, daß wir beide zu den Nachkriegskindern gehörten, die es eher zum Spielen auf die Trümmerflächen zog als in artige Grünanlagen? Was steckt hinter dieser Vorliebe?

Solche sich selbst überlassenen bewachsenen innerstädtischen Areale wie Trümmergrundstücke, Böschungen, Halden von Bauaushub und verwilderte Gärten enthalten für sich genug Stoff für Faszination und Belehrung, genug Gleichnis auch für unreglementierte, nicht ins Parkgewand gezwängte Natur, um einen eigenen Projektteil auszumachen. Man kann sich eine Stadtplanung vorstellen, die ihre Erholungsflächen um solche Gebiete bereichert, in denen wächst, was des Wegs kommt und sich dort wohl fühlt: Zum „Unkraut" oder, wie man jetzt besser sagt, „Wildkraut", zählen zahlreiche duftende, aromatische Kräuter. Der Beifuß ist ein Beispiel; in Mittelmeerländern findet man Thymian, Lavendel und Rosmarin an fast jedem Wegrand.

Eine Gruppe, die sich mit diesem Thema beschäftigt, könnte auf die Kopie eines Stadtplans in Ergänzung zu den bekannten Sehenswürdigkeiten auch die schon kurz erwähnten „Riechwürdigkeiten" eintragen und zwar nicht nur die auf pflanzlichem Ursprung beruhenden. Häfen, Bahnhöfe, Großbäckereien, Müllplätze, Brauereien, Schlachthöfe, Kaffeeröstereien, Obst- und Fischmärkte prägen die Umgebung mit ihren Gerüchen. Statt gezielt Punkte zu benennen, kann man auch mit dem Zufall arbeiten, indem man auf den Stadtplan tippt und so bestimmt, wo man schnuppert. Das schärft die Aufmerksamkeit für Gerüche. Die Gerüche werden mit Worten möglichst genau beschrieben, auch, wo man tiefer atmet, wo man den Atem anhält. Die Gruppe hätte weiter in der Gesamtarbeit die Initiative zur Entwicklung von Symbolen für Gerüche, die neben der Karte eingetragen werden können. Kreise könnten einen weichen Geruch anzeigen, Keile einen stechenden usw. Was schwebt einem an Bildsymbolen vor, wenn man bei geschlossenen Augen einen Duft auf sich wirken läßt? Die Aktivitäten liegen vielleicht am Rand des Duftstoffthemas, stellen vielleicht einen Umweg dar, aber auch Umwege können von Nutzen sein: Aus seiner in den „Spuren" enthaltenen Geschichte „Tableau mit Bogen" zieht Ernst Bloch die Moral: „Sind nicht schon so viele Einsichten, Gewinne, Lösungen auf entfernenden Umwegen, gerade mittels ihrer, erlangt worden? Die dann also gar keine Umwege waren, sich vielmehr als echte Wege zum Ziel darstellten, ja in ihm sich dankbar enthielten? Dem Banausen freilich erscheint jeder Umweg, im Leben wie in Studien, als unnütz und Allotria; er zieht nur Ablenkung daraus."

Umwege unterbrechen eine zu gerade Zielstrebigkeit des Projekts. Umwege verlangen aber Personen, die sie gehen wollen und Zeit dafür eingeräumt bekommen.

Ein näheres Teilthema betrifft die Geschichte der Duftherstellung. Mit dem für Markt und Schlußausstellung umgeänderten Projektnamen in „1001 Düfte" haben die Schülerinnen das Orientalische angesprochen, das Wunderbare an den Düften. Ein kleines Projekt für sich könnte das Nachbereiten alter arabischer Duftmischungen sein: „Man nimmt bestes Aloeholz, pulvert es und siebt es durch ein Seidentuch. Dann knetet man es mit Lyciumwasser, räuchert es darauf in einer Kumme oder einem Becherglas mit parfümiertem Aloeholz mehrmals, bis ihm der Geruch anhaftet. Sodann bringt man auf je fünf Teile von diesem präparierten Holz einen Teil und dann noch einen Teil guten Moschus' mischt alles zusammen indem man pulvert, tut es in eine Flasche und verkauft, an wen man will. Es wird zu einem Wunder."

So beschreibt der arabische Gelehrte al-Kindi, der im neunten Jahrhundert unserer Zeitrechnung lebte, eines seiner verschiedenen Rezepte für ein Moschusparfüm.

Im folgenden werden einige pflanzliche Ausgangsstoffe genannt, die neben Aloeholz und den tierischen Duftstoffen Moschus und Ambra in den arabischen Parfüms von al-Kindi und auch immer wieder später verwandt wurden: Jasmin, Zimtrinde, Safran, Gewürznelke, Rosen, verschiedene Harze, Kampfer, Sandelholz, Muskatnuß, Kardamom, Sesam, Myrte, Lorbeer, Zitronenschalen, Apfelschalen, Weihrauch, Levkoje, Majoran, Thymian, Oregano, Veilchen und Aprikosenkerne. Es macht einen Unterschied, ob man Blätter, Blüten, Stengel oder gegebenenfalls Früchte nimmt.

Wir haben das „Orientalische" in der Projektwoche gestreift. Es könnte mehr entfaltet werden. Um auch hier über das Handwerk hinauszukommen, könnten die Projektteilnehmer zusammentragen, wo in Geschichten, Märchen, dem Alten und Neuen Testament und anderen Quellen Duftstoffe oder Düfte erwähnt werden. Der späte Alchimist oder – besser – frühe Chemiker Libavius beschreibt Ende des 16. Jahrhunderts die Extrakte als „Abbilder der ätherischen und himmlischen Natur", als „Seele" eines Stoffes, verglichen mit dem, was zurückbleibt, dem „elementaren Groben". Die noch heute so genannten ätherischen Öle haben ihren Namen in Anlehnung an diese Vorstellung von einem Himmelsstoff.

Auch die Wirkung des Duftes auf Menschen kann ein Projektteil oder ein eigenes Projekt werden. Paul Jellineks „Die psychologischen Grundlagen der Parfümerie" würden zum kritisch zu lesenden Material gehören.

Im letzten Viertel des 19. Jahrhunderts veröffentlichte der Naturforscher Gustav Jaeger ein teils mit Interesse, teils mit Ablehnung und Spott aufgenommenes Buch mit dem Titel „Die Ent-

AL-KINDI beschreibt die Kunst des Destillierens mit den Gefäßen „Alembik" und „Kürbis"

deckung der Seele", in dem er behauptet, die (menschliche, tierische, pflanzliche, stoffliche) Seele äußere sich im Eigenduft und wirke so auf andere. Seine Definition der Seele über den Duft rechtfertigte er unter anderem damit, daß in verschiedenen alten Sprachen das Wort Seele mit dem Duft identisch war, z.B. im Sanskrit: „Das Sanskrit für Seele ist cushma (sprich schuschma), das bedeutet, außer Seele, noch: Ausdünstungsgeruch, Trieb, insbesondere Geschlechtstrieb, und Affekt. ... cushma heißt wörtlich der „Ichduft" oder wie ich a.a.0. sagte: die Seele ist der Selbstduft."

Und weiter:

„In der To'bedauie-Sprache der oberägyptischen Beduinen heißt ‚shuk' das Selbst, die Seele und der Atem (als duftend)."

In den Rezepten des al-Kindi ist Sukk eine Parfümgrundlage, die man auf der Basis von Galläpfeln und den tierischen Duftessenzen Ambra und Moschus mit verschiedenen anderen Zusätzen herstellt.

Jaeger führte in seinen Arbeiten an Versuchspersonen Messungen der jeweiligen Zeiten durch, die sie unter Einwirkung verschiedener Gerüche zur Reaktion auf ein Signal brauchten. Er protokollierte belebende Gerüche, die die Reaktionszeit verkürzten und „deprimierende" Gerüche, die die Reaktionen langsamer machten. Ein Geruch, der eine Person belebte, konnte für eine andere deprimierend sein. Auch ohne das Konzept einer „Duftseele" läßt sich aus dem Anlaß des Projekts heraus die Wahrnehmung dafür entwickeln, wie unterschiedlich die Gerüche in einem Obstgarten, einer Kaffeehandlung, beim Friseur, in einem Sitzungssaal, in Schulgebäuden, in Kirchen oder der sprichwörtliche Büromief auf die eigene Lebensfreude und Aktivität spontan wirken können.

Der Duft kann etwas mit Festlichkeit zu tun haben. Auch das ließe sich herausarbeiten. Warum duftet es in der Kirche nach Weihrauch, im eigenen Zimmer manchmal nach Räucherstäbchen, im Kommunikationszentrum, im Rathaus, im Gewerkschaftshaus aber nur nach Reinigungsmitteln? Unterthemen wären: Duft als Schmuck für die beiden Geschlechter. Die Teilnehmer reiben sich gegenseitig von ihren Duftessenzen etwas auf die Haut und riechen aneinander. Es wird besprochen, in welchem Maß Frauen sich mit Duftstoffen schmücken, in welchem Maß Männer. Was sind die mutmaßlichen Gründe? Wie unterscheiden sich Parfüms für Männer und Frauen? Auch hier ist Paul Jellineks oben erwähntes Buch äußerst aufschlußreich.

Ein weiteres Unterthema wäre: Gerüche – Vorurteile – Abneigungen. Geruch und Soziales kommen zusammen in folgenden möglichen Punkten: Sogenannte Arme-Leute-Gerüche; ich kann dich nicht riechen; Knoblauchfresser oder: wir und die ausländischen Mitbewohner in der Stadt; die Angst vor dem eigenen Schweiß: Deosprays und indirekte Parfüms in Spülmitteln, Haarwässern, Toilettensprays.

Zum Teil sind das Themen, die stark die Einzelperson berühren. Die Teilnehmer müßten in Gruppen unter sich sein können und bestimmen, was von ihren Gesprächen allgemein mitgeteilt wird. In Zukunft würde ich mehr Gedanken auf Raum zum gegenseitigen Erzählen über sich selbst verwenden.

Wenig geändert hat sich zum Zeitpunkt der Besprechung die Einstellung der Schülerinnen gegenüber dem Filmen. Das Gefühl, bei der Sache beobachtet zu werden, ist ein belastendes Element und hat die Unbefangenheit gestört. Nicht viel und längst nicht immer; aber insgesamt wäre es ohne das noch schöner gewesen. Die Schülerinnen haben auch nie Lust gehabt, selbst die Kamera in die Hand zu nehmen, wollen auch nicht bei der Vertonung mitmachen. Sie drücken es nicht so aus, aber es ist klar: die Dokumentation macht sie auch zu Objekten. Die Dokumentation ist mein Interesse gewesen, aber nicht ihres. Und irgendwo freue ich mich auch, daß sie sich nicht haben einfangen lassen von der Eitelkeit, daß sie bald auf Videoband zu sehen sein werden. – Wenn hier unsereiner gut zuhört, kann er was lernen. –

Wir haben an diesem Freitagmorgen so viel Zeit, daß ich nachher noch mit zwei Schülerinnen zu einer Berufsschule fahren kann, wo auch Projekte gemacht worden sind.

Der Samstag läuft ohne Überraschungen. Vor Beginn der Ausstellung zeigt Kurt den ersten Teil des Videofilms. Die Schülerinnen sitzen vor dem Fernseher. Natürlich ist es lustig, sich zu sehen, aber einmal reicht dann auch. Die Bilder, die ich während der Woche mit einer Sofortbildkamera gemacht habe, haben sie für ein Poster verwendet, auf dem die Aktivitäten der einzelnen Tage zu sehen sind.

An dem Film und den Bildern freut mich vor allem doch eines: Man sieht überall auf irgendetwas gesenkte Nasen. Die Konzentration auf anderes als Worte und Anblicke ist anscheinend doch geübt worden.

Postskriptum zum 3. Kapitel: Inzwischen (1985, beim Diogenes Verlag in Zürich) ist Patrick Süskinds Roman „Das Parfüm" erschienen. Dessen Lektüre gehörte in ein solches Projekt, ja man könnte jenes Buch mit einem eigenen Duftstoffprojekt illustrieren. Zwei im Duftkapitel nur flüchtig angedeutete Gedanken sind Hauptmotive in Süskinds Buch. Im Extrakt sehen diese Gedanken so aus: Erstens, die allzu sinnliche Beziehung zum Stoff kann zum Surrogat für menschliche Beziehungen geraten. Das ist ein Gesichtspunkt, den man nicht nur bei der Lektüre des Duftstoffkapitels sondern gegenüber dem ganzen Buch „Der sinnliche Stoff" im Auge behalten sollte. Zweitens, und das bezieht sich direkt auf das Duftkapitel: Die Konservierung des Duftes bedeutet den Tod seiner Träger, der Pflanzen: „Von Zeit zu Zeit, wenn das Destillat wäßrig klar geworden war, nahmen sie den Alambic vom Feuer, öffneten ihn und schütteten das zerkochte Zeug heraus. Es sah schlapp aus und blaß wie aufgeweichtes Stroh, wie gebleichte Knochen kleiner Vögel, wie Gemüse, das zu lang gekocht hat, fad und fasrig, matschig, kaum noch als es selbst erkenntlich, eklig leichenhaft und so gut wie vollständig des eigenen Geruchs beraubt".

Im von den Brüdern Grimm wiedergegebenen Märchen von der Rose finden wir das unheimliche Gegenstück: „Die Mutter stellte die Rose ins Wasser. Eines Morgens kam das Kind gar nicht aus dem Bett; die Mutter ging zum Bett hin und fand das Kind tot; es lag aber ganz anmutig da. Und die Rose war am selbigen Morgen aufgeblüht."

LITERATUR

AL-KINDI, Y.B.I.: Buch über die Chemie des Parfüms und die Destillationen. Leipzig: Brockhaus/Dt. Morgenländische Gesellschaft, 1948.

BLOCH, E.: Tableau mit Bogen. In: BLOCH, E.: Spuren. Frankfurt: Suhrkamp, 1977, S. 140–142.

FREY, K.: Die Projektmethode. Weinheim: Beltz, 1982.

JAEGER, G.: Entdeckung der Seele. Stuttgart: Kohlhammer, 1912, S. 88, 92.

JELLINEK, P.: Die psychologischen Grundlagen der Parfümerie. Heidelberg: Hüthig, 1973.

HOFFMANN, G.: Die Erzeugung natürlicher Duftstoffe in der Provence. Stuttgart: Kohlhammer, 1960.

LIBAVIUS, A.: Die Alchemie. Weinheim: Verlag Chemie, 1964, S. 327 ff.

MINSSEN, M.: Vernachlässigte Ansichten des Naturstoffs. Scheidewege, 1982, 12, S. 376–394.

MINSSEN, M.: Gerüche und Duftstoffe – Ein Projekt, um vernachlässigte Beziehungen zum Naturstoff erfahrbar zu machen. In: LAUTERBACH, R., MARQUARDT, M.:Lehrerbildung Sachunterricht – Kritik und Perspektiven. Frankfurt/M., Kiel: Arbeitskreis Grundschule/IPN, 1983, S. 22S-246.

RÜDORFF, F.: Grundriß der Chemie. Berlin: H.W. Müller, 1902, S. 478–482.

Solomon Islands Environmental Approach to Science – Book III. Ministry of Education and Cultural Affairs(Hrsg.). Solomon Islands, 1976, S. 44.

School Science Project for East Africa – Chemistry: Fermentation and Distillation. Nairobi, Kenya: 1975, Ministry of Education, S. 10.

STÖCKHARDT, J.A.: Schule der Chemie – Erster Unterricht in der Chemie, versinnlicht durch einfache Experimente. Braunschweig: Vieweg, 1852, S. 19 ff.

4. Kapitel

Das Mobiliar und die Kulissen – Geräte und Arbeitsräume*

„Nun aber begann das Wählen. Die Dinge kamen aus Holzwolle und Papier etwas staubig, aber doch glänzend zum Vorschein. Der umständliche Meister berechnete den Preis jedes Stückes nach dem Gewicht, welches in Gramm darauf vermerkt war. Dieses Wort ‚Gramm' pflegte er mit besonderem Nachdruck auszusprechen. Conrad hielt wägend und vorsichtig Kolben, Glasrohre und herrliche langschnäblige Retorten in der Hand, wie sie ansonst nur im physikalischen Lehrsaal der Schule zu sehen waren. Das Handwerkszeug war's, das den Gegenstand anziehend machte. Die Wahl fiel schwer. Conrad verliebte sich in all diese Gefäße, und bei den Probiergläsern hätte er am liebsten das ganze Gestellchen voll gekauft; es war mit Löchern versehen, wie das Eierbrett daheim in der Speisekammer seiner Mutter. ... So brachte er alles glücklich heim, die staubigen Gefäße unter den Strich eines weichen reinigenden Tuches und zuletzt an ihren in Aussicht genommenen Ort der Aufstellung. Lange stand Conrad auf einem Stuhl vor dem Kasten. Einen hölzernen Retortenhalter besaß er schon – den hatte er in kühnem, unvermitteltem Vorstoß einige Tage früher erstanden – und nun wurde also die große Retorte mit eingeschliffenem Glasstöpsel bedachtsam zwischen die innen mit Kork belegten Platten der Klemme gebracht, durch mäßigen Druck festgeschraubt, und darunter fand die gläserne Weingeist-Lampe ihren Platz. Ein Gestell für die Probiergläser fehlte freilich.

Diese lagen ordentlich gereiht, und zwar auf Watte, was vortrefflich aussah. Das gutartige Mädchen, welches das Wischtuch gebracht, half jetzt und reichte, verwunderte sich über alles gar

*Teile aus dem Kapitel habe ich in einem Beitrag im Jahrbuch 83/84 der „Scheidewege" verwendet.

sehr, sonderlich über die Gestalt der Retorte, von der sie behauptete, sie sähe mit ihrem langen, spitz zulaufenden Ansatzrohr dem Krämer unten im Nachbarhaus ähnlich, dem Herrn Köttel, der eine eben solche Nase habe.

Es kam eine besonders helle, klare Zeit."

Conrad Castiletz, Kokosch, Held in Heimito von Doderers* Roman „Ein Mord, den jeder begeht", steht kurz vor dem Abschluß der Untermittelschule. Er macht mit den Geräten eine Zeitlang Versuche nach Lehrbuchvorschriften, zu denen er „ein recht unanschauliches Vertrauen" empfindet, „ähnlich dem, das er stets zu mathematischen Formeln hatte – mit welchen sich aber doch auch sehr flink rechnen ließ, wenn's einmal eingelernt war. Als aber dann im hohen Sammelglase, worin das Gas, schwerer als Luft, stand, der entzündete und hineingehaltene Magnesiastreifen erstrahlte – da war's doch ein erfreulicher Griff ums Herz, ein stilles Wunder, eine eröffnete Welt."

Der Fortgang der chemischen Versuche ist dem kurzen Aufflammen und schnellen Verlöschen des Magnesiumstreifens vergleichbar. Das Handwerk hält in Kokoschs Händen nicht, was das anziehende Werkzeug versprach. „Würdig gebläht und leicht angestaubt saßen Retorten und Kolben dort oben auf dem Kasten, jede Woche einmal wieder glänzend, wenn Sophie – mit großer Vorsicht, aus Zuneigung für Conrad, zugleich aber im Herzen diesem vielen ‚Zauberkram' fluchend – die Sachen abgestaubt hatte. Sie wurden später einmal verschenkt."

Warum auch nicht? Besser wären sie sogar früher verschenkt worden, solange noch der Abglanz des Wunders leuchtete. Das rechtzeitige Abbrechen des Spiels, der gelungene Schluß des Stücks und das Austauschen der Requisiten sind eine Kunst für sich. Aber soweit sind wir noch nicht. Es muß etwas gesagt werden zum Vergleich zwischen des Krämers Nase und der langschnäbeligen Retorte. Das anatomische Bild kommt nahe an den Kern, nur ist es nicht die Nase, die der Retorte zum Vorbild diente.

Erinnern wir uns an die im ersten Kapitel erwähnte alchemisti-

*Die Literaturstellen sind am Ende des Kapitels aufgeführt.

sche Kunst des Ta'wid al Hakim, die nicht handelt „von Männlichem, mit dem nichts Weibliches ist und nicht von Weiblichem, mit dem nichts Männliches ist." Die vorchristliche chinesische Elementenlehre des Tsou Yen (350–270), in der die Frau, der Schatten, das Wasser auf der winterlichen Nordseite stehen, der Mann und das Feuer auf der sommerlichen Südseite und wo im Osten und Frühling das Holz, im Westen und Herbst als fünftes Element das Metall die Erde umgeben, spiegelt sich im arabischen Raum. Die Wandlung von Gegensatz und Vereinigung erscheint verändert in der Alchemie des Abendlandes. In der Vereinigung der Stoffe zum Elixier sollen sich die Vereinigung von hell und dunkel, Sonne und Mond, König und Königin, Mann und Frau ausdrücken. Symbol völliger Vereinigung ist der Hermaphrodit, zugleich Mann und Frau. Diese Vorstellung vom Vorhandensein und von der Vereinigung männlicher und weiblicher Prinzipien in den Stoffen wird in den Gefäßen fortgesetzt. Die Figur des Hermaphroditen findet sich wieder im Zwilling, einem Doppelgefäß, bei dem beide Teile ineinander destillieren, zugleich befruchten und empfangen. Horn des Hermes, cornu Hermetis, heißt eine Retortenform. Die Destillation aus der Retorte in das „Receptaculum", das Gefäß zum Auffangen und zur Empfängnis, steht dem Bild der Vereinigung nahe (s. die Abbildungen auf den Seiten 94/95). Dabei ist der Befruchtungsvorgang seinerseits Symbol für die Vereinigung von Gegensätzen seelischer, geistiger und stofflicher Art.

In vielen technischen Bereichen sind auch ohne Zusammenhang mit einer Gesamtphilosophie solche Übertragungen üblich. Im Amerikanischen werden elektrische Steckverbindungen ganz selbstverständlich mit den Begriffen „male" und „female" beschrieben, je nachdem ob man Stecker oder Buchse meint. Kolben und Zylinder, Schraube und Mutter können als weitere Beispiele für den wechselseitigen – hier aber schon eher versteckten – Zusammenhang von technischer und geschlechtlicher Phantasie dienen.

Boccaccio verwendet im Decamerone für die Vereinigung von Mann und Frau häufig das Gleichnis von Pistill und Mörser, was uns zurückbringt an die Stelle, wo Doderers Held Kokosch die

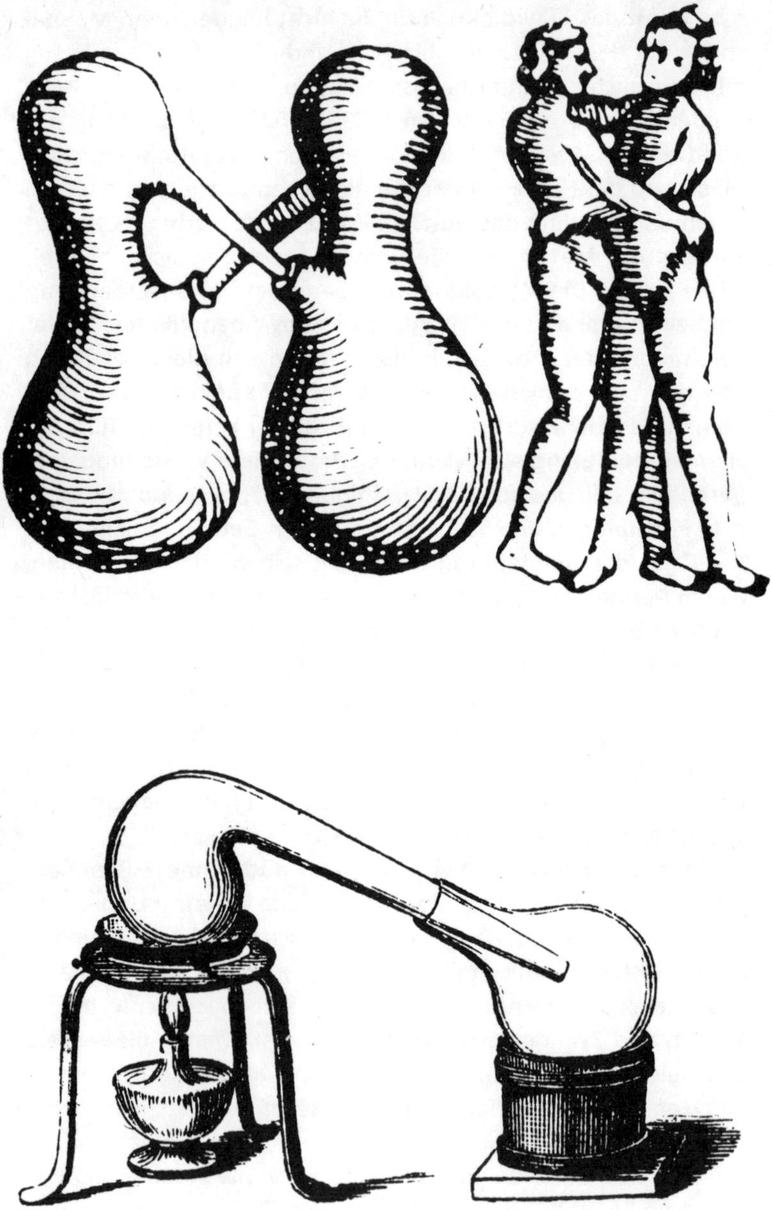

Die Idee der Vereinigung in den Destillationsapparaten

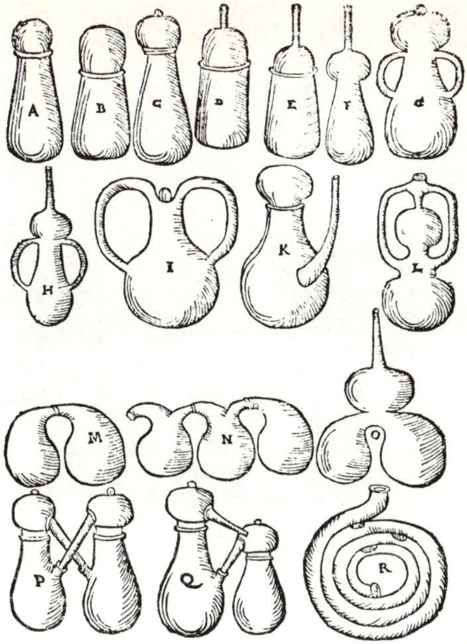

Formen alchemischer Gefäße

Ähnlichkeit zwischen Labor- und Küchengeräten anhand des Reagenzglasgestells bemerkt. Manche Laborgeräte haben ihren Ursprung sowohl von der Funktion, wie von der Form, wie vom Material her in Geräten, die im Haushalt für Vorratshaltung und alltägliche Verrichtungen im Gebrauch waren. Bei den älteren Gefäßen sind einige Formen der Pflanzenwelt entnommen, ja, zunächst dienten ausgehöhlte Früchte selbst als Behälter. In der Natur bildet mancher Stoff sein eigenes Gefäß. Auf der mesa verde, dem grünen Tafelberg am Rande der Wüsten von Neu Mexiko und Colorado, gibt es eine Ausstellung der Entwicklung indianischer Behälter aus Flaschenkürbissen zu sehen. Bei der Reife verholzt die Außenhaut des Kürbisses, während das weiche Fruchtfleisch herausgelöffelt werden kann. Die verschiedenen Formen kommen so zustande (s. auch die folgende Abbildung): Schneidet man von der Spitze nur wenig ab, bekommt man eine Flasche, wie sie in anderen Ländern als Kalebasse bekannt ist. Ein bißchen mehr wegschneiden resultiert in hohen,

Die Entwicklung von Gefäßen aus Flaschenkürbissen

dann in niedrigen Krügen, schließlich in Kummen, in Näpfen und flachen Schalen. Beim westafrikanischen Stamm der Baule ließ man Flaschenkürbisse in Formen aus Korbgeflecht hineinwachsen und bediente sich so einer verbreiteten und geduldigen Art der Gefäßmodellierung.

Eine weitere Abbildung (S. 98) zeigt einige Geräte, die afrikanische Kinder im Primarunterricht beim Spielen und Arbeiten mit Wasser benutzen.

Die Kinder beobachten Strömungen, Schweben, Sinken und Schwimmen von Stoffen in Wasser, Auflösungen und Schlierenbildung von Farben, Spiegelungen und Ringe, Bewegungen von Blasen. Sie machen Wasseruhren: Aus Büchsen mit feinen Löchern läuft das Wasser langsamer aus als aus solchen mit großen Öffnungen. Sie machen einzelne große und viele kleine Seifenblasen. Sie hören den Geräuschen zu, die Wasser macht, je nachdem, ob es nun in kleinen und großen Tropfen fällt oder in einem dicken Strahl. Sie lernen Worte zu gebrauchen, die wie unsere Worte zwischen naß, feucht, getränkt und klamm oder zwischen trocken und ausgedörrt unterscheiden. Sie singen Regenlieder, die sie von außerhalb der Schule kennen, lernen, wie man Wasser transportieren und leiten kann, bauen eine einfache Pumpe mit einem Stück Fahrradschlauch als Membran. Sie benutzen alte Gefäße, darunter auch den Flaschenkürbis, Tonkrüge, Kokosnußschalen, längs und quer aufgeschnittene Bambusstücke, Röhren aus Stielen einheimischer Pflanzen wie Bananen und Paw-Paws, aber auch halbierte Autoreifen und aufgeschnittene Benzinkanister, die die Bezeichnung „Debe" bekommen haben. Sufuria genannte Eisentöpfe, Konservendosen und Medizinflaschen werden verwendet. Die Geräte, die eher schönen wie die eher häßlichen, dienen nicht nur der Gewöhnung an den verborgenen Zweck, dem Anfreunden mit Problemen im Zusammenhang mit notwendigen Bewässerungsanlagen. Sie haben ebenso wie der Stoff, das Wasser, einen eigenen Sinn in sich, ermöglichen auch Beziehungen positiver oder negativer Art über ihre Funktion hinaus. Manchmal kann man ihre Eigenständigkeit darauf zurückführen, daß sie schon vor ihrem Zweck da waren, dem Spielen und Arbeiten mit Wasser. Teils verhindert das Improvisierte in ihrer Verwendung oder Herstellung, daß sie ganz hinter ihrer Funktion verschwinden. Teils offenbart sich in Ornamenten, etwa dem gezackten Bandmuster des Tonkrugs, daß sie auch eigenständig gemeint sind. Viele afrikanische Kalebassen sind über und über mit Kerbmustern geschmückt.

Noch im vorigen Jahrhundert war es üblich, daß die Steingutgefäße zur Aufbewahrung des destillierten Wassers ebenso wie die Ausgüsse Ornamentbänder trugen. Waren auch der kultische und symbolische Gehalt des Ornaments verblaßt, so bestand doch das Bestreben, Kunst und Gewerbe wenigstens von der Oberfläche her zu vereinen. Das in der gleichen Epoche gegründete Hamburger Museum für Kunst und Gewerbe orientierte sich am englischen „Arts and Crafts Movement", eben der Kunst- und Gewerbebewegung. „Gewerbe" hatte noch nicht den verniedlichenden Beigeschmack des Kunstgewerbes, bedeutete den Einschluß von Wissenschaft und Technologie im großen Maßstab. In Wien wurde 1863 ein Museum für Kunst und Industrie gegründet, das sich später in ein Museum für angewandte Kunst wandelte. Solche Wandlungen sind Gleichnisse für die wechselseitige Loslösung von Kunst und technisch-wissenschaft-

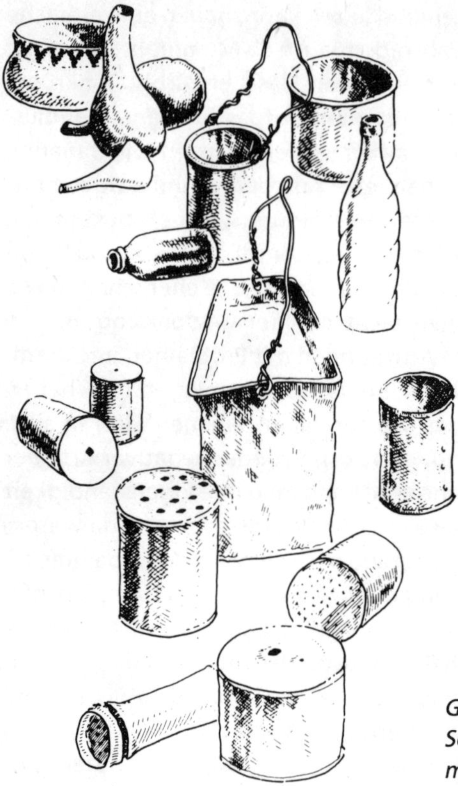

Gefäße, die afrikanische Schulkinder zur Erfahrung mit Wasser verwenden

licher Arbeit, vor allem wohl für den Rückzug des Gewerbes von der Kunst. Die steht als Kunst am Bau nun draußen vor der Tür, anstatt im Bau selbst eine Lust auf Beziehungsmöglichkeiten auszudrücken. Die Silhouette von Landschaft wird oft genug Verfahrenstechnikern und Ingenieuren anheim gegeben, zu deren Ausbildung Landschaft nichts beisteuert. Es wird sozusagen ohne Hintergrund geplant. Was ist eine wenige Meter hohe Plastik neben dem Eingang des Verwaltungsgebäudes einer Raffinerie gegenüber den zylindrischen Massen von Tanks und Rektifiziertürmen, die in weiten Teilen der Nordseemarschen den Horizont bestimmen?

Zurück zum ganz kleinen: Wir änderten unsere Apparatur zur Wasserdampfdestillation von Duftölen, indem wir anstelle der Verwendung von Korkstopfen und Schläuchen vom Glasbläser ein eingeschliffenes Überleitungsrohr anfertigen ließen (s. Duftölkapitel). Der Dampf strömte schneller, es bestand nicht mehr die Gefahr, daß sich ein Gummigeruch dem Duft der aromatischen Wässer zugesellte. Jedoch in anderer Beziehung war die Apparatur verarmt, buchstäblich abzuzählen. Anstelle von vorher drei Materialien, Kork, Gummi und Glas, war jetzt nur noch das Letztere da. Obwohl – auch in Glas könnte man Muster ätzen, aber bei „Laborbedarf" ist das unüblich geworden. Man muß die Ornamente in Schutz nehmen gegen den zu oft gehörten Verdacht, sie seien nichts als ärmlicher Trost, der freudlose Verhältnisse ertragen lasse, statt sie einer Veränderung zuzuführen. Ein Ornament an einem Arbeitsgerät ist immer auch ein Widerspruch gegen die Trennung von Arbeit und Vernügen, eine symbolhafte Erinnerung an das Recht auf Zusammenhang und Sinnsuche in der nüchternsten Tätigkeit. Es kann offensichtlich und trotzig aufgetragen sein. Manchmal gelingen sich Gerät und Funktion unaufdringlich zum Schmuck.

Als ich für das gleiche Duftölprojekt eine afrikanische Topfdestille nachbauen ließ, gab ich dem Töpfer ein mit Kauri-Muscheln besetztes arabisches Band. Das wurde in den Ton eingedrückt, solange er noch weich war. Der Töpfer wich von sich aus von Teilen des Entwurfs ab und veränderte so den Boden der Kühlschale. Die Rundung ließ er in eine Spitze auslaufen, so daß die Tropfen sich dort sammelten und so sicherer in den Auffangtiegel geleitet wurden. Die Schale bekam von der Unterseite her gesehen Ähnlichkeit mit einer Brust. In diesem Moment kam die Funktion des Gegenstandes mit seiner Schönheit gut zusammen.

Feuerton, Steingut, Porzellan, Email und Glas sind von alters her Materialien, die Laboratorium, Apotheke, Manufaktur, Fabrik und Küche miteinander verbinden. Gerade in der Entwicklung der Küche läßt sich – zumindest bevor sie Cockpit wird – ahnen, wie Überlieferung und Improvisation, Schönheit und Funktionalität in eine Balance kommen können. Die Geräte müssen ihren technischen Zweck erfüllen, sind aber auch Gegenstände, mit denen man sich nicht nur notgedrungen einrichtet. Man muß sich mit ihnen zu Hause fühlen, wohnlich müssen sie sein. Vielleicht hat sich aus diesem Grunde „Jenaer Glas" in den Küchen weniger verbreitet als in den Laboratorien.

„Wohnlich" und „Zuhause" sind zur Zeit keine Kategorien für Laboratoriumseinrichtungen. Im Arbeitsprozeß wird ohnehin eher das Gegenteil zum Zuhause gesehen, die verzwungene Zeit im Gegensatz zur Freiheit. Die Aufwendungen für Zierat wären eindeutig Kosten, während Ungemütlichkeit, Lustlosigkeit, Kälte und Fremdheit keine direkten betriebswirtschaftlichen Kategorien sind. Dabei würden bei den teuren verfahrenstechnischen Anlagen in der Produktion und den Geräten des Laboratoriums die für deren Schmuck und Annehmlichkeit aufgewandten Kosten im Verhältnis zum Küchengerät weit weniger zu Buche geschlagen. Es fallen hinsichtlich der Wohnlichkeit die Unterschiede zwischen Technik, Labor und einer etwas altmodischen Küche auf. Dabei sind die Funktionen der Geräte auf den ersten Blick ähnlich: Die Tendenz der Laboratoriums- und Produktionstätigkeit, die Natur in die vier Wände zu holen und dort klein zu arbeiten, die verschiedenen Arten des Kleingearbeiteten wieder zu etwas Neuem zu vermischen und zu verbacken, ist in der Küche durchaus angelegt. Nietzsche vergleicht im Zarathustra die Gelehrten mit stäubenden Mehlsäcken und fragt: „Aber wer erriete wohl, daß ihr Staub vom Korne stammt und von der gelben Wonne der Sommerfelder?" Das trifft die Gelehrten, aber streift auch das Mehl selbst. Mehl, Kakao, Pfeffer, Zucker und Salz sind nicht mehr das, was sie in der Pflanze oder im Salzstock waren, aber haben von dem Draußen noch einen Hauch. So sind die Arbeitstechniken in Labor, Haushalt und Fabrik einander ähnlich und sind es auch wieder nicht.

Ein Lehrgang in chemischer Technologie, von drei großen Schweizer Chemiefirmen zur Ausbildung des Fachpersonals herausgegeben, führt dazu gut ein, vor allem die Kapitel „Mechanisches Trennen" und „Mechanisches Vereinen", so doppeldeutig auch die Überschriften sind. Trennen kann man Stoffe verschiedener Art, aber auch den Stoff von sich selbst, in dem man ihn zerkleinert oder siebt. Insofern ist es eine gute Intuition des

Lehrgangs, dem Zerkleinern und Sieben, obwohl es „eigentlich" keine Trennverfahren seien, einen Großteil des Kapitels zu widmen. Entsprechend viele Zerkleinerungsmaschinen werden vorgestellt. Bei den Mühlen sind es: Schlagmühlen, Stiftmühlen, Sichtermühlen, Pralltellermühlen, Strahlmühlen, Schleudersiebmühlen, Reibmühlen, Kugelmühlen, Perlmühlen und Schneidmühlen. Aber es wird in kleinen Randzeichnungen auch die Feinzerkleinerung mit der Kaffeemühle illustriert, die Trockenmahlung mit der Pfeffermühle, die Naßmahlung mit dem Pressen von Orangen, Zerdrücken und Reiben mit der Arbeitsweise von Nußknacker und Mörser, das Prallen mit dem Anticken eines hart gekochten Eies gegen ein anderes oder eine harte Oberfläche. Aus solchen Vergleichen könnte man mehr machen als einen Motivationsjux zur Einführung in professionelle Anlagetechnik mit ihren gegenüber der Küche geschäftsmäßigeren, distanzierteren oder skrupelloseren Umgangsweisen mit dem Stoff: Bei den Schlagmühlen schlagen Hämmer und Nocken von einer sich drehenden Welle her auf den Stoff ein. Bei den Stiftmühlen wird der Stoff durch eine Reihe von Stiften getrieben wie durch einen Kamm. Bei den Sichtermühlen entfernt ein Luftstrom fein gemahlene Teilchen aus dem noch groben Rest. Bei den Pralltellermühlen werden die Teilchen auf einen tellerartigen Konus geschleudert, an dem sie zerprallen. In Strahlmühlen wird der Stoff mit einem Druckluftstrom an die Prallflächen herangebracht. In Schleudersiebmühlen werden die Teilchen zwischen einem rotierenden Zylinder und einem feststehenden Anker zerrieben und durch ein Sieb gedrückt. Bei den Reibmühlen befindet sich der Stoff zwischen einer rotierenden und einer feststehenden Scheibe. In Kugelmühlen fallen in einer rotierenden Trommel Kugeln aus Gußeisen, Stahl und Porzellan immer wieder auf das Mahlgut. In Perlmühlen wird naßgemahlen. Ein Rührer schleudert die nur Millimeter großen Perlen durch das in Flüssigkeit suspendierte Mahlgut. In Schneidmühlen dreht sich ein mit Messern besetzter Rotor durch den Stoff. Soviel zur Feinzerkleinerung.

Bei der Grobzerkleinerung von Stoffen werden Backenbrecher, Daumenbrecher und Walzenbrecher verwendet. Im ersten

Fall wird der Stoff zwischen einer feststehenden und einer schwingenden Brecherbacke zerdrückt. Im zweiten Fall drücken daumenförmige Brechwerkzeuge den Stoff durch einen Rost, im dritten Fall, beim Walzenbrechen, wird er zwischen glatten, geriffelten oder mit Stacheln versehenen Walzen zerquetscht. Da ist durchaus Gewalt im Spiel, gepaart mit List und Einfallsreichtum, wie man ihn ähnlich sonst bei Folterwerkzeugen findet. Walter Jens, der den Ursprung der Anmaßung gegenüber dem Naturstoff sensibel da vermutet, wo der erste Pflug den Boden aufreißt, zum ersten Mal der Kiel eines Schiffes das Wasser durchschneidet, würde hier spätere und drastischere Beispiele finden. Vielleicht würde er den Lärm des Mahlens mit einem Schreien des Stoffes gleichsetzen. Zinngeschrei nannten die Alchemisten den knirschenden Laut von Zinnstäben beim Biegen. Überhaupt gab es bei ihnen neben anderen Fertigkeiten die Meisterschaft des Klanges, das Magisterium soni. Man lernte, auf die Güte einer Metallegierung aus dem Klang zu schließen, den Vorgang des Metallhärtens mit der Änderung des Klingens in Verbindung zu bringen. Man achtete auf das Knistern von Salzen im Feuer und brachte es durch Schmelzen und Wiedererstarren zum Verschwinden.

Ein Höhrrohr war entwickelt worden, solche stofflichen Geräusche zu verstärken. Die Meisterschaft des Klanges ist, auf Stoffe bezogen, eine fast gänzlich vergessene Kunst, und für keinen anderen Zweck als den des näheren Hinhörens auf Stoffe, könnte es gut sein, sie wiederzuentwickeln. Eine Beziehung zu Messing und Bronze kann über den Klang vermittelt werden, den ein Gong oder eine Glocke machen. Wer auch das kreischende Geräusch beim Durchsägen von Styropor gehört hat, kennt es besser, als wenn er allein über dessen Wärmedämmungseigenschaften Bescheid wüßte.

Gegenüber der Wahrnehmung des Klanges ist das Achten auf Farbe und Duft eines Stoffes noch nicht ganz so vergessen, wenn auch in der Küche verbreiteter als im Labor, wo in der Regel die festen Stoffe weiß, die flüssigen farblos sind und die Gerüche eher schädliche Gase anzeigen. Es gibt aber Verfahrensschritte, wo plötzlich ein Stück Haushalt und das erwähnte Draußen mit entsprechenden sinnlichen Eindrücken Eingang ins Laboratorium finden. Aus einer mehrjährigen Arbeit zur Gewinnung und Analyse von Membranstoffen aus Neurospora crassa, dem orangeroten Brotschimmelpilz, will ich ein Beispiel erzählen. Es geschah in einem amerikanischen Labor. Von einem kleinen Vorrat der Pilzkulturen wurden Proben in 100 ml-Kolben mit Nährmedium gebracht und nach einer gewissen Wachstumszeit in mehrere große, 15 Liter fassende Flaschen überführt, die in einem warmen, meist dunklen Raum standen, was die Vermehrung begünstigte. Die kleinen Kolben waren übliches Laborformat gewesen. Die Vergrößerung des Volumens auf das 150-fache war nicht nur ein quantitativer Schritt, nicht nur eine reine Multiplikation. Die großen Gefäße waren schon qualitativ aus dem Laborrahmen fallende Geräte, erinnerten an die Glasballons, wie sie früher zur privaten Mostvergärung und zur Essigbereitung verwendet wurden. Solche Gefäße stehen für ein Stück eigener Wissenschaft, teils alchemistisch, teils technologisch, teils haushälterisch, teils laborhaft, überall ein wenig fremdartig, altmodisch oder aber noch nicht recht zum Zuge gekommen. In einem Ausschnitt aus Mörikes Gedicht „Häusliche Szene" vom nächtlichen Streit zwischen dem Essig gewinnenden Schulmeister und seiner in Distichen sprechenden Frau, kommt das zum Vorschein:

„Bester, dein Essiggebräu, fast will es mich endlich verdrießen.
Ruhig, obgleich mit Not trug ich so manches bis jetzt.
Daß du im Waschhaus dich einrichtetest, wo es an Raum fehlt,
Destillierest und brennst, schien mir das Äußerste schon.
Nicht gern sah ich vom Stockbrett erst durch Kolben und Krüge,
Meine Reseden verdrängt, Rosen und Sommerlevkoi'en,
Aber nun stehen ums Haus rings vor jeglichem Fenster,
Halb gekleidet in Stroh, gläserne Bäuche gereiht,
Mir auf dem Herd stehn viere zum Hindernis, selber im Rauchfang
Hängt so ein Untier jetzt, wieder ein neuer Versuch!"

Was die großen Flaschen mit den Pilzkulturen anging: Die ursprünglich klaren Nährsalzlösungen wurden zunehmend trübe und flockig, frisch ausgepreßtem Orangensaft ähnlich, wenn er viel Fruchtfleisch enthält. Diese Flocken oder Mycelien wurden nach einigen Tagen abfiltriert. Mit dem Abfiltrieren war etwas Besonderes. Der Vorgang wurde „harvest", die Ernte genannt. Die im Labor gängigen Filter eigneten sich nicht. Erstens sind sie für die entsprechenden Mengen zu klein, zweitens verstopfen sie zu schnell. Man kennt das Verstopfen vom Filtrieren des Kaffees durch einen Papierfilter her, ein Verfahren, das aus dem Labor in den Haushalt gekommen ist. Der bereits abgesetzte sogenannte Filterkuchen, im letzteren Fall der Kaffeeschlamm, kann dazu führen, daß nichts mehr durchläuft. Je größer die Masse und je flockiger oder gallertartiger der feste Stoff ausfällt, desto eher passiert das. Daher filtrierten wir hier durch ein „cheese cloth", ein Käsetuch also, ein nicht zu engmaschiges Gewebe, in vier Lagen übereinander gelegt. Das ist ein Verfahren, das nicht nur seit alters her in der Milchverarbeitung verwendet wird. In den frühen arabischen Parfümrezepten al Kindi's wurden zur Filtration Tücher aus Seide und Leinen benutzt. Auch in den Maschinen der modernen chemischen Filtrationstechnik, in Filtrierzentrifugen, Drehfiltern, Filterpressen, Nutschen (bei denen das Filtrieren durch Überdruck oder Sog unterstützt wird) und Spiralfiltern, wird meist ebenfalls mit Filtertüchern aus verschiedenen Geweben gearbeitet.

In unserem Fall wurde das Pressen von Hand besorgt. Wir standen uns zu zweien gegenüber und drehten die Tuchenden gegeneinander. Der Saft quoll heraus, und im Tuch zurück blieb ein faseriger hell-rötlich-brauner Filterkuchen, ähnlich einem Stück Hefeteig. Wir kamen dem Stoff durch körperliche Arbeit nahe, fühlten seine Zähigkeit, bemerkten die Farbe und sogen den Duft ein. Es war ein intensiver Duft nach frischen Äpfeln, wie man ihn sonst nur frühmorgens im Herbst in einem Obstgarten treffen kann, wenn man die heruntergefallenen Früchte aus dem Gras aufsammelt. Da die Präparation früh am Tag beginnen mußte, damit man wenigstens bis zur Nacht die empfindlichsten Zwischenstufen hinter sich hatte, stimmte auch die Stunde. Wer weiß, vielleicht sind auch die in der Morgenstunde noch scharfen Sinne eher geeignet, aus dem was sie empfangen, Gold zu machen. Adolf Holl beschreibt in seiner Mystik für Anfänger: „Ich erinnere mich an eine Morgenstunde in der Wohnung der Tante Rosa. Die Sonne schien und warf schräge Schatten in die Wolf-Dietrich-Straße. Ich stand am offenen Fenster, und der Geruch der frischen Luft vermischte sich in meiner Nase mit dem des Spirituskochers und dem Aroma des Kaffees. In diesem Augenblick – fühlte ich mich glücklich und das ist der Grund, warum ich mich an ihn erinnere. Heute würde ich sagen: Ich hatte damals mein erstes mystisches Erlebnis." So beschreibt Adolf Holl einen Ferientag in Salzburg. Mit dem Nachmittagskaffee wäre es womöglich nicht dasselbe gewesen, aber auch sonst sind solche Erlebnisse nicht beliebig wiederholbar, selbst bei gleichem äußeren Arrangement nicht.

Die Präparationsarbeiten am roten Brotschimmelpilz jedenfalls verliefen im weiteren laborüblich. Der Filterkuchen wurde nach mehrmaligem Waschen in kleine Stücke zerrissen, die Stücke in Glycerin getränkt, dann in flüssigem Stickstoff zermahlen, nach dessen Verdampfen ein feines Pulver übrig blieb. Damit wurden verschiedene Zentrifugationsverfahren durchgeführt, bis sich bestimmte Organellen, die Mitochondrien, an einer Grenzfläche zwischen zwei unterschiedlich dichten Flüssigkeitsschichten sammelten. Diese Mitochondrienfraktion wurde mit einer kleinen Spritze abgesaugt, die Mitochondrien ihrerseits wurden durch Schwellen, Schrumpfen und Ultraschallbehandlung zum Platzen gebracht, ihre Membranen mit der 44-tausendfachen Erdbeschleunigung abzentrifugiert, die fettähnlichen Lipide daraus mit Alkohol entfernt, die Membraneiweiße oder -proteine mit einem Detergens extrahiert und mit Wasser wieder ausgefällt und gefriergetrocknet zu einer kleinen Portion weißen Pulvers, dem künftigen Ausgangspunkt der eigentlichen Untersuchungen. Einen solchen Präparationsvorgang kann man auch grafisch darstellen, wie in dem auf Seite 106 wiedergegebenen, für Spezialisten schneller lesbaren Flußdiagramm.

In der gerade beschriebenen Arbeitsweise steckt, wie in vielen anderen naturwissenschaftlichen Verfahren auch, einiges an Einfallsreichtum, an gesammelter Erfahrung und solider Hand-

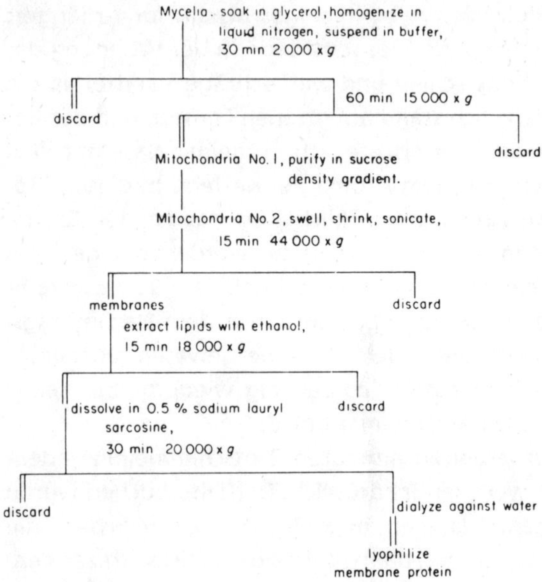

Flußdiagramm einer biochemischen Präparation

werkskunst. Auch die Möglichkeiten zu befriedigenden Augenblicken sind gegeben, zur Zufriedenheit mit dem Gelingen eines Trennschritts oder mit einer relativ guten Ausbeute, mit einer hohen Reinheit oder mit der erfolgreichen Ausschaltung von täuschenden Artefakten, wie sie im beschriebenen Fall durch die Verbindung von erst während der Präparation entstandenen Oxidationsprodukten der Lipide mit den Proteinen auftreten können oder mit der späteren Entdeckung, daß solche Produkte bei natürlichen Alterungsvorgängen entstehen.

Was dagegen hier wie woanders zu kurz kommt, ist die Unmittelbarkeit des Stoffes, dessen Apfelduft die Behandlung im flüssigen Stickstoff nicht überdauert, ist Muße für die ungeplanten Erlebnisse gegenüber der Disziplin des Flußdiagramms, ist das festliche, verschwenderische, immaterielle, wie es sich in den Mustern und Symbolen auf den geschmückten afrikanischen Kalebassen ausdrückt. Ein kleiner unbotmäßiger Comicaufkleber, auf den großen Blechmantel einer Ultrazentrifuge gedrückt, ist da weniger als die Ornamentbänder, die Bestandteile der schon erwähnten Destillatkrüge aus den Laboratorien des vorigen Jahrhunderts waren. Das Laboratorium ist nicht als Haushaltung und Zuhause entworfen, trotz aller funktionalen Parallelen beim Filtrieren, Sieben, Extrahieren, Zentrifugieren, Diffundieren und Zerkleinern.

Gerade darum ist es wichtig, solche Parallelen nicht in Vergessenheit geraten zu lassen und aus dem Dasein von Randillustrationen herauszuholen, womit wieder der schweizerische Technologielehrgang gemeint ist. Wenn das Müsli als Beispiel des Gemenges erscheint, die Milch als Kolloid und der Wein als echte Lösung, so besteht der Witz oft darin, daß der Stoff nicht nur zur Einteilung in Phasen da ist, sondern auch mit Gesundheit und Genuß zu tun hat. Insofern ist es gut, wenn einem beim Mischen von flüssigen und festen Bestandteilen in Doppelmuldenknetern, Rührknetern und Walzenknetern das Kuchenbakken einfällt, beim Kristallisieren die Salzgewinnung am Meer und beim Rahmenrührer der Schneebesen zum Mischen von Eiweiß und Luft, bei der Diffusion durch poröse Trennwände auch die Bereitung des Tees mit dem Teenetz.

Die Kategorie des Zuhauses ist über begriffliche Präzisierungen nicht zu fangen, zumal sie sich nicht für jeden gleich stellt, einzelne auch gerade im rostfreien Stahl oder im glänzenden Titan ihr stoffliches Ebenbild am besten getroffen finden und die nüchterne Kühle, die herüberweht, eher schätzen im Angesicht von genügend vorhandener Unordnung.

Darauf zu achten, wie man mit Geräten, Verfahren und Arbeitsräumen zuhause ist, wird besser durch Üben gelernt. Zu solchen Übungen eben gehört es, sich darüber Rechenschaft abzulegen, was historisch hinter den sich entwickelnden Formen von Gefäßen steckt, wie sie überhaupt erst mit der Zerkleinerung des Stoffes entstanden und wie sie verändert wurden, welche Empfindungen welche Formen und welche Materialien auslösen, welche Rolle dem Ornament gegenüber der Funktion zukommen soll, wie die gesamte Szene aussieht, in der mit dem Stoff verfahren wird, ob sie drinnen oder draußen spielt und wer beteiligt ist, wie die Geräusche, Gerüche, Farben sind.

Als ich selbst zum ersten Mal – ähnlich wie Doderers Conrad – die Faszination durch das Handwerkszeug erlebte, war ich noch nicht ganz fünf Jahre alt, zusammen mit verschiedenen Müttern und Kindern aus der bombenbedrohten Stadt „evakuiert" und in einem Landgasthof untergebracht worden. Da gab es einen Sonnentag im Wirtsgarten, unter Kastanienbäumen mit lauter Gläsern und Flaschen auf dem Klapptisch mit der abgeblätterten weißen Farbe, und wir gossen Wasser von einem Gefäß ins andere. Da waren helle Einmachgläser, braune Würzflaschen, geriffelte Limonadenflaschen, schlanke und dickbauchige grüne Flaschen. Das Wasser gluckste beim Auslaufen gegen die Luftblasen, sprudelte und perlte, die Füße knirschten auf dem hellen Kies. Alles zusammen machte die Szene aus; es mußte nicht getrennt werden in Eigentliches und Uneigentliches. Der kühle Wind, der über die Gesichter strich, war dem Umgießen nicht nachgeordnet. Es war überflüssig, überhaupt an solche Rangordnungen zu denken.

Eine Kinderszene, aus der man für die Erwachsenenarbeit nichts lernen kann, außer vielleicht eine Aufmerksamkeit für eher seltene Situationen, zum Beispiel, wenn in einem Laboratorium ein Pilz einmal nach Äpfeln riecht? Für die provenzalischen Bauern war früher das Laboratorium draußen. Sie trugen die kupfernen Destillierblasen zu den Lavendelfeldern hin und destillierten die frische Ernte an Ort und Stelle. Die Sonne und eine gelegentliche Wolke gehörten mit zur Szene, und der Hauptteil der Produktion hatte ohnehin schon vorher draußen stattgefunden mit dem Wachsen und Blühen des Lavendels. Die menschengeleitete moderne Biotechnologie im industriellen Maßstab gibt hier eine Chance aus der Hand, wenn sie keine Verfahren entwickelt, die es ermöglichen, aus den Fabrikhallen und Laborräumen herauszukommen, sondern in der gewohnten Kulisse steckenbleibt. Das Draußen hat – so scheint es – für den Umgang mit dem Naturstoff einstweilen keine Werte. Die Laboratoriumsszene hat sich eher klaustrophil entwickelt, zu einem Gefäß fast, in dem Apparate und Menschen miteinander in Reaktion gebracht werden, wie die in den folgenden drei Bildern angedeutete Entwicklung suggerieren kann. Wer erriete wohl, daß hier

Naturbegegnung erfolgt, und wo bleibt der Abglanz der „gelben Wonne der Sommerfelder"?

Der 64jährige Friedrich Wöhler, der in mehrfacher Hinsicht ungesunden Laborluft müde, schreibt im Mai 1865 an Liebig: "Ich glaube, es ist Zeit, die Chemie aufzugeben und Gärtner oder Eisenbahnschaffner zu werden." – Die Wagen hatten offene Plattformen. Selbst in der 1. Klasse der Expreßzüge konnte man auf der Station noch die Fenster öffnen, um das Leben von den Bahnsteigen hereinzulassen. Auf die Labordämpfe schob Wöhler auch die schon viel früher und immer häufiger auftretende Unlust an seiner Wissenschaft: „Also auch Du bist so müde, so chemiemüde. Es ist mir dies ein ordentlicher Trost. Du glaubst nicht, wie müde ich bin, wie satt ich die Chemie habe, wie namentlich gewisse Theile mich ordentlich anekeln, mir wenigstens so langweilig sind, daß ich gähnen muß, wenn ich daran denke" (Juli 1847 an Liebig).

Wäre es nicht denkbar, für die Entwürfe von Laborräumen und Werkshallen bei unerledigten Sehnsüchten anderer Epochen nach einer Verbindung des Draußen mit dem Drinnen, des Festes mit der Arbeit anzuknüpfen? Der in weniger als sechs Monaten aufgebaute, drei mächtige Ulmen und zahlreiche große Springbrunnen einschließende Kristallpalast der Londoner Weltausstellung von 1851, die großen Palmenhäuser in Kew, Brüssel und Stuttgart mit ihren arabischen Kuppeln, verkörperten solche Sehnsüchte ebenso, wie die theatralischen frühen Bahnhöfe, deren Opernhauspomp immerhin andeutete, daß Reisen etwas Fröhlicheres sein könnte als schnelles Versetztwerden von A nach B. Oder nehmen wir die Galleria Vittorio Emanuele II in Mailand, wo überglaste Straßen ein Stück Orient in einem schon nicht mehr so südlichen Klima ermöglichen. Könnte dort ein Naturforscher vor aller Augen seinen Beruf betreiben, wie ein Schuhmacher, Teehändler oder Kellner? Was sind die Lehren aus der im Zirkuszelt verkörperten Vorläufigkeit und Wanderlust, der Gegenwart des Windes in der dünnen Stoffhaut für die Architektur eines weniger naturfernen Laboratoriums, einer immer wieder auf Zeit bezogenen Sommerresidenz des Forschens im Gegensatz zur allgemeinen, am permanenten Win-

Chemische Werkstatt aus Alexandria, 1. Jahrhundert – Waagen, Brennöfen, Glasierungen, Mosaiken, Pigmente

Chemielaboratorium (1895)
Rekonstruktion eines Raumes mit Originalapparatur im Laboratorium eines Regierungschemikers

Chemielaboratorium (1963)
Moderne Ausstattung mit Bauelementen, Teilautomatisierung

ter orientierten Bauweise? Naturwissenschaftliche Tätigkeit als Teil einer Lebenskunst ist nicht in jeder Art von Kulisse, nicht mit jeder Art von Requisiten zu erreichen. Eben darum war es nötig, die Geräte, Verfahren und Laborräume eines zweiten Blickes zu würdigen.

LITERATUR

CIBA GEIGY, ROCHE, SANDOZ: Technische Ausbildung – chemische Technologie, Bd. 6: Mechanisches Trennen. Basel: o.J.

DODERER, H. v.: Ein Mord, den jeder begeht. München: Biederstein, 1962, S. 37–40.

HOLL, H.: Mystik für Anfänger. Reinbek: Rowohlt, 1979, S. 12–13.

JENS, W.: Die Götter sind sterblich. München: dtv, 1959.

MINSSEN, M.: Vernachlässigte Ansichten des Naturstoffs. Scheidewege, 1982, 12, S. 376.

MUNKRES, K.D., MINSSEN, M.: Ageing of Neurospora crassa. Mechanisms of Ageing and Development, 1976, 5, S. 79–98.

Nietzsche, P.: Werke. München: Hanser, 1980, Bd. III, S. 381.WÖHLER und LIEBIG – Briefe von 1829–1873 (Herausgeber W. Lewicki). Göttingen: Cromm, 1982, S. 299, 187.

5. Kapitel

Erziehung zur Müdigkeit – Über wenig zensierte Beziehungen zum Stoff

„Einst träumte Chuang Chou*, ein Schmetterling zu sein – ein flatternder Schmetterling, der sich seines Lebens freute und nichts wußte von einem Chuang Chou. Chuang Chou erwachte und war leibhaftig der Chou. Nun weiß ich nicht, ob Chou träumte, ein Schmetterling zu sein, oder jetzt der Schmetterling träumt, Chou zu sein. Dabei ist zwischen Chou und dem Schmetterling doch wohl ein Unterschied. Das nennt man die Wandlung der Dinge."

Das ist der Schmetterlingstraum des Chuang Chou, vor etwa 2300 Jahren von seinen Schülern niedergeschrieben. So nah wird man einem Ding selten kommen, wie hier der Chou dem Schmetterling oder der Schmetterling dem Chou. Die Erfahrung, von sich selbst nichts, aber von einem Gegenstand auf eine Art zu wissen, daß man fast mit ihm identisch ist, hat ihr Darstellungsproblem. Sie ist nicht im nachhinein vermittelbar. Von einem Entomologen erführe man mehr über einen Schmetterling – und hätte zugleich weniger erlebt als der Chou. Im zweiten – ebenfalls chinesischen – Beispiel hat die Nähe zum Objekt im Gegensatz zur in dieser Art einmaligen Erfahrung des Chou etwas Wiederholbares und Nützliches. Konfuzius macht seine Schüler auf einen Zikadenfänger aufmerksam, der in vielen Jahren als Einziges gelernt hat, wie ein Baum zu stehen und seinen Arm zu halten, als wäre es ein Ast. Für einige Zeit weiß der Baum nichts von einem Zikadenfänger und die Zikaden setzen sich auf seine Zweige. Dann erwacht er und ist wieder leibhaftig der Zikadenfänger. Nur die Zikaden erwachen zu langsam. Große

*Alle Literaturstellen sind am Ende des Kapitels angegeben. Vorstudien zu diesem Kapitel sind 1983 in der „Neuen Sammlung" und im Jahrbuch 1983/84 der „Scheidewege" erschienen.

Selbstvergessenheit für einen kleinen Zweck. Konfuzius und seine Schüler loben den Fänger. Der schaut sie an, erblickt viel angemästete Gelehrsamkeit und sagt: „Ihr Herren in den langen gelben Gewändern, die ihr so klug zu fragen wißt, bedenkt Euren Wandel." Dann dreht er ihnen den Rücken zu. Was hat er gemeint? Welche Art von Fragen erzeugen welche Art von Klugheit?

John Dewey, wohl prominentester pädagogischer Vertreter des amerikanischen Pragmatismus, betreute in den zwanziger Jahren einen chinesischen Doktoranden, Yu-lan Fung, später Philosophiehistoriker in Peking. In seiner Dissertation verglich Fung Lebensideale und deren Ausdruck in verschiedenen Schulen östlicher und westlicher Philosophie. Mit Pragmatismus wird heute oft etwas erheblich Kurzatmigeres assoziiert. Zentrale Kategorie in Yu-lan Fungs Arbeit, die mit Ausführungen über Chuang Chou beginnt, ist das Verhältnis von Abnahme und Zunahme. Das ist ein wesentlicher Punkt des alten chinesischen Denkens. Gemeint sind Probleme folgender Art: Mit der Zunahme rastloser Tätigkeit kann das tatsächlich Bewirkte abnehmen; das Zunehmen des Scharfsinns mag statt Weisheit eher Verschlagenheit, Betrug und Selbstbetrug im Gepäck haben; je mehr einer aufs Sparen von Zeit aus ist, desto weniger davon hat er vielleicht am Ende. Oder: Je mehr Fakten einer über eine Sache im Kopf hat, desto schwieriger kann es auf andere Weise werden, die Sache selbst wahrzunehmen. Das niedrige nahe Flattern von Chous Schmetterling ist ein notwendiges Pendant zum Fliegen in entfernter Höhe, das einen weiteren Überblick gewährt, während doch gleichzeitig die Dinge unten ihre räumliche Tiefe verlieren, flacher, blasser und weniger wirklich erscheinen.

Ein Teil des Erfassens von Wirklichkeit mag mit der Fähigkeit zu tun haben, sich aus dem Gefängnis des eigenen Vorwissens zu lösen, sich dem Gegenstand hinzugeben und den Ahnungen zu folgen, die man über ihn gewinnt. Am deutlichsten mag das an musikalischen Beispielen zutagetreten. Ich lernte einmal einen erfahrenen Klarinettisten kennen und ein andermal einen Trompeter, die sich traumwandlerisch in jedes Thema hineintasten und darüber improvisieren konnten, aber weder konnten sie Noten lesen, noch beherrschten sie Harmonieregeln, was beide bedauerten. Doch kam ihnen ein Klang ins innere Ohr, so förderten sie ihn zutage. Umgekehrt mag der eine oder andere Leser jene Art von Klavierunterricht gehabt haben, wo er nur gelernt hat, Noten zu lesen und sie korrekt zehnfingrig auf die Tasten des Instruments zu übertragen, als handele es sich um die Eingabe eines Textes in eine Schreibmaschine* über deren Tastatur. Einer musikalischen Ahnung nachzugehen lernt man so nicht.

Ähnlich, behaupte ich, läßt das Betonen des analytischen und sequentiellen Denkens, das Schwergewicht auf Formeln, Regeln, Gleichungen wichtige Teile der unmittelbaren Naturwahrnehmung aus, schafft ein eher distanziertes mechanisches Verhältnis zu ihr, eine Beziehung, die von der emotionalen Beteiligung und Befriedigung her kaum als solche bezeichnet werden kann.

Es geht bei der Forderung nach unmittelbarer Stoffbeziehung nicht um Luxus, sondern um Notwendigkeiten oder wenigstens um Luxus als Notwendigkeit. Damit ist zum Beispiel Abwechslung für den Tastsinn bei der Wahrnehmung von Stoffen gemeint. In der Chemieausbildung der Schule wie der Universität ist der Tastsinn nicht gefordert, die meisten Substanzen sind auch mit Vorsicht oder über einen Mittler anzufassen – mit Spateln, Porzellanlöffeln, Tiegelzangen, geschlossenen Pipetten –, die Hände öfter durch Gummihandschuhe gegen mögliche Spritzer zu schützen.

Andererseits ist im Alltag ein ertastendes Erfassen von Gegenständen notwendig. (Ähnliches gilt für den Wert sichtbarer Strukturen im Stoff, die die Phantasie zur Gestaltbildung braucht.) Der Rückgriff auf das technische Vermögen, glatte, „pflegeleichte" Flächen zu schaffen, ist hinsichtlich des notwendigen Kontaktes zum Stoff eher ein Rückschritt. Mit der Devise „pflegeleicht ist uninteressant" provoziert Irmingard Schneider-Hahn, Mitarbeiterin eines Instituts für Baubiologie, die Leser

*Der Vergleich entstammt der Dissertation des Musikdidaktikers Herbert Wiedemann.

einer Bausparerzeitschrift. Glatte Materialien seien für die Psyche ermüdend, bei Kindern verkümmere auf schlimme Weise der mit anderen Sinnen gekoppelte Tastsinn.

Der Hinweis auf die technische Produktion und die Begegnung mit Stoffen im Alltag soll zeigen, daß man sich nicht mit der Überlegung zufrieden geben kann, der Laborumgang mit dem Stoff sei eine Sache, das Wohnen mit ihm eine andere und beide kämen am je eigenen Platz zu ihrem Recht und hätten nichts miteinander zu tun. Darüber wird vergessen, daß im Labor eine Stoffauffassung geprägt wird, die auf die Alltagswelt und das Wohnen in ihr durchschlägt. Ein Chemiker kann in etwa beurteilen, wie beständig ein Material, das er erzeugt, gegen verschiedene Chemikalien, natürliche Korrosion und Alterung sein wird, vielleicht noch, wie glatt oder porös die Oberfläche ausfällt, oder abschätzen, wie schnell sie sich elektrostatisch auflädt oder wie gut der Stoff die Wärme leitet. Auch über Giftigkeit oder Verträglichkeit lassen sich Aussagen machen. Die im weitesten Sinne psychische und körperliche Wirkung von Stoffen auf Personen bleibt jedoch außer acht. Welche Beziehungen man zu einem Stoff entwickeln kann, das ist nach Formeln und Noten nicht zu lernen. Das musikalische Umgehen mit dem Stoff hat der Chemiker nicht beigebracht bekommen, er komponiert vor allem nach Regeln und wenig nach seinen oder der Benutzer Empfindungen.

Nachdem die Didaktik des Kunstunterrichts und die des Musikunterrichts den Wert der unbewußten Tätigkeit anerkennt, und danach Übungen entwickelt, scheint mir die Frage nach entsprechenden Übungen und Überlegungen für Naturunterricht angebracht. Wie könnte das auf den Sektor Stoffe bezogen aussehen? Wie lernt man, auf den Stoff hinzuhören, am Vorwissen, den Zeichen und Formeln, die den Noten entsprechen, erst einmal vorbei? Die erste Übung soll bewirken, die Neuheit bekannter Sachen zu entdecken, wenn man ihnen mit geschlossenen Augen begegnet.

In vielen ausländischen Grundschulmaterialien taucht der „Touch-Bag“ oder, auf Pidgin-Englisch, der „Feelie-Bag“ auf (so in für die Salomon-Inseln entwickelten Fibeln, siehe Kapitel 2).

Die Pidgin-Bezeichnung ist die schönere und zutreffendere. Denn es geht nicht nur um Anfassen und Berühren, sondern um Befühlen. Man tastet in einem undurchsichtigen Beutel umher, befühlt Dinge, die jemand dort hineingetan hat. Es soll nichts Ekliges oder Gefährliches dabei sein. Es gibt solche Anordnungen auch in der Montessori-Pädagogik. Wilfried Lippitz und Jutta Plaum schildern Tastversuche mit Schulkindern. Rudolf zur Lippe beschreibt eine „Tastgalerie", wie er sie mit Hugo Kükelhaus für ein „Erfahrungsgelände" für Kinder und Erwachsene entworfen hat:

„Tastgalerie
Die *Station 16* bietet eine Vielfalt von Formen und Oberflächenstrukturen an, die durch Betasten bestimmt werden können. Um mehr Konzentration auf das Fühlen, hier besonders der Hände, zu lenken, werden die verschiedenen Materialien für die Augen verdeckt angeboten. Unsere Gewohnheit, durch einen Blick auf den Gegenstand den Wahrnehmungen über den Tastsinn zuvorzukommen, läßt sich anders schwer lösen. Zugleich wird damit ein Wechselspiel von Verstecken und Entdecken, von Verhüllen und Enthüllen in Gang gesetzt, das Kleinkinder und Ältere besonders mit den Händen verbinden, wenn sie Dinge in der Hand bergen, das Handinnere in der Faust verschließen und unter bestimmten Bedingungen wieder zum Vorschein bringen.

Man kann mit den verschiedenen Abteilungen der Tastgalerie Ratespiele verbinden. Jedenfalls werden die Strukturen und die Wahrnehmungen, die sie hervorrufen, im Vergleichen erst für eine bleibende Erfahrung deutlich. Außerdem ist es wichtig, vom Zugreifen zum Betasten überzugehen. Im Zugreifen ergeben sich nur Wahrnehmungen verschiedenen Druckes und verschiedener Grade von warm und kalt. Erst im Betasten, d.h. im leichten Hingleiten über die Flächen und im vorsichtigen Umfahren der Gegenstände werden besondere Qualitäten, Strukturen fühlbar. Um Fingerspitzengefühl zu entwickeln, sind auch leichte Abstände zu der Sache notwendig, in denen die Fingerspitzen um die Dinge spielen können wie die Zunge, wenn sie etwas genau oder genießerisch kosten will.

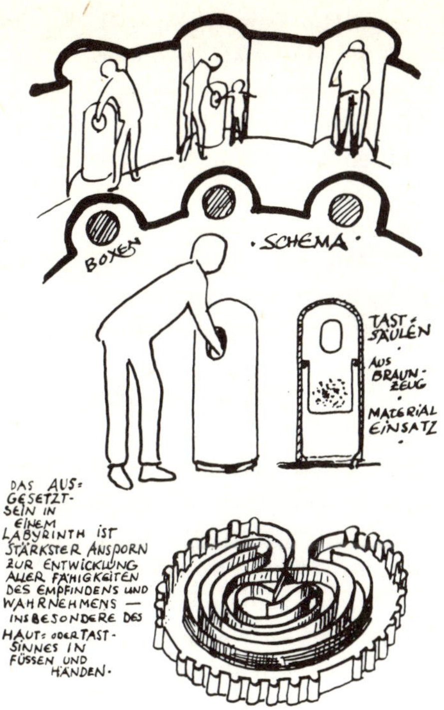

Tastgalerie

Eine Reihe von unverdeckten Tafeln lädt zum Abtasten sichtbarer Strukturen ein – von Maserung bis zu Würfelfeldern. Die verdeckten Materialien sind nach ‚polaren oder komplementären Eigenschaften wie rauh und glatt, hart und weich, starr und elastisch, dicht und locker' (H.K.) usw. angeordnet.

Kinder betasten alle Gegenstände, um sie kennenzulernen, und zwar immer wieder.

Blinde ‚lesen' nicht nur die Schrift, sondern auch die Beschaffenheit der Umwelt mit den Händen. Indem wir jemandem die Hand geben, bekommen wir auch ein besseres Gespür für ihn. In alten Gesellschaftsspielen wurden unter dem Tisch zu erratende Gegenstände von einem zum anderen gereicht" (Abbildung oben).

Ich habe mir als Spiel etwas ausgedacht, was sich als Belebungskasten für Eigenschaftswörter bezeichnen ließe: Es ist eine Sammlung von Gegenständen, denen besondere Härte, Glätte, Weichheit, Rauheit usw. so sehr zu eigen sind, daß sie schon fast für diese Eigenschaften stehen können. Man bekommt einen Satz gesagt, in dem vor einem Hauptwort ein Eigenschaftswort fehlt. Ein bei verbundenen Augen in die Hand gegebener Gegenstand führt zu dem Adjektiv. Der Satz: „Die Jacke war aus einem … Stoff" läßt sich über ein nur gefühltes Stück Flausch in der Hand ergänzen mit „weich" oder „flauschig". Ein Begriff läßt sich auf dem Weg über ein gefühltes Stück Schwamm oder Gummiband als eben schwammig oder dehnbar erkennen, ein Klima als rauh über ein Stück Sandpapier.

In all diesen blind ausgeführten Tasthandlungen ist der allererste Moment der Berührung der wichtigste. Danach wird sich schnell das Vorwissen zu Wort melden. Man kann kaum anders, als aus den ertasteten Umrissen, Strukturen und Härtegraden ein visuelles Bild zu konstruieren, um zum Gewohnten zu kommen. „Man ist beständig Dingen und Sachverhalten ausgesetzt, die man nicht nur nicht versteht, sondern auch gar nicht verstehen *kann.* Man glaubt, man verstehe sie, doch ist das Verständnis solcher Dinge nichts als die Gewöhnung an sie, so daß man von ihnen nicht mehr überrascht ist", läßt George McDonald in „Lilith" seinen Mr. Raven sagen. Wüßte man, wie der erste Indianer, dem ein Pferd der Weißen begegnete, dieses Pferd sah, wüßte man, wie es aussieht, zitiert Ernst Bloch Johannes V. Jensen in den „Spuren". So ist das Vorwissen nicht nur Vermögen, sondern auch Hemmschuh. Wir wissen nicht nur zuviel von uns selber, sondern auch von den Dingen, die uns umgeben. Viele brauchen schon gar nicht mehr hinzugucken, so sehr wissen sie, was sie sehen wollen, und so wenig fällt Ihnen auf. „Was bekannt ist, ist nicht erkannt", zitiert Lefèbvre Hegel.

Die Fähigkeit, an der Zensurbehörde des wachen Verstandes auch einmal vorbeizukommen, ist schwer zu üben. „Es ist das viel mißbrauchte Vorrecht der bewußten Tätigkeit, daß sie uns alle anderen verdecken darf, wo immer sie mittut", formuliert Freud das Problem psychoanalytisch. Das zeitweilige bewußte

Üben der nicht bewußten Wahrnehmungsfähigkeiten gegenüber dem Stoff ist mit Erziehung zur Müdigkeit gemeint. Adornos „Erziehung zur Mündigkeit", so persifliert, hat dennoch damit zu tun. Das Blitzgescheite hätte ja auch zu bedeuten, sich die Intuition, die erste schnelle Auffassung, nicht billig abkaufen zu lassen.

Die geschlossenen Augen bei den geschilderten Tastübungen sind gewissermaßen äußeres Symptom der gemeinten Müdigkeit. Der folgende Abschnitt wird sich mit verschiedenen Arten innerer Bilder vom Stoff befassen. Dabei ist Stoff doppeldeutig gemeint: zunächst als Stoff zum Nachdenken, als Sujet, wenn man es literarisch fassen will, später als materieller Stoff, sei es nun Messing, Glas oder Wasser.

Die ersten Bilder entnehmen ihren Anstoß persönlichen Verhältnissen zu Alltag und Wissenschaft. Zum Thema allgemein ist viel geschrieben worden. Von Lefèbvre gibt es die erwähnte „Kritik des Alltagslebens", die verschiedenen Zweige der Wissenschaftstheorie haben sich in den 60er und 70er Jahren durch eine Flut von Publikationen dazu bemerkbar gemacht. Davon ließe sich einiges nacharbeiten, so wie man fremde Kompositionen analysiert und nachspielt. Wir behandelten das Thema mit Lehrerstudenten der Chemie, sprachen über die Mitteilbarkeit durch Begriffe einerseits und Bilder andererseits und stellten ein bekanntes strukturalistisches Spiel vor, das auf Bildern fußt. Das Spiel wirkt zunächst weit hergeholt: Drei Personen sollen mit dem Fallschirm über einer ihnen unbekannten Landschaft abspringen, von der sie eine Bildkarte haben. Auf der Karte sind bestimmte Einzelheiten eingezeichnet: Hier ein Teich, dort ein Wäldchen, ein Fluß fließt durch die Landschaft. Eine Brücke führt darüber, woanders steht ein Haus. Wo werden sich die drei treffen? Diese Frage stellt man am besten einer möglichst großen Anzahl von Zuhörern. Wofür würde sich der Leser spontan, ohne lange nachzudenken, entscheiden? Wofür also? – Die meisten nehmen, zu schneller Antwort gezwungen, die Brücke, obwohl bei einigem Nachdenken die anderen Plätze ihre eigenen Vorteile haben: Wer sich verstecken muß, ist im Wäldchen besser aufgehoben, wer ein Dach über dem Kopf sucht, besser beim

Acht Bilder zu Alltag und Wissenschaft

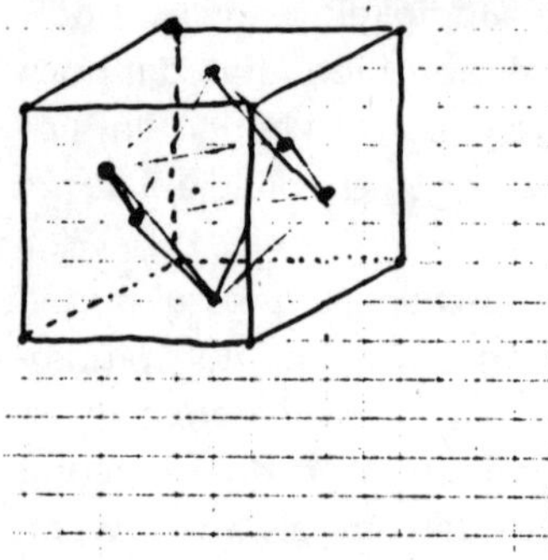

1

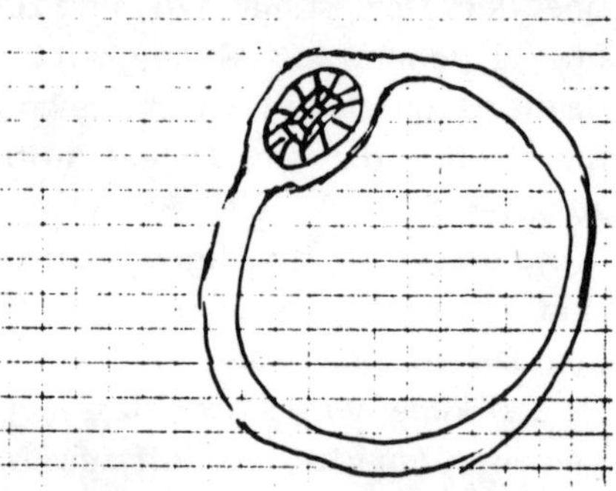

2

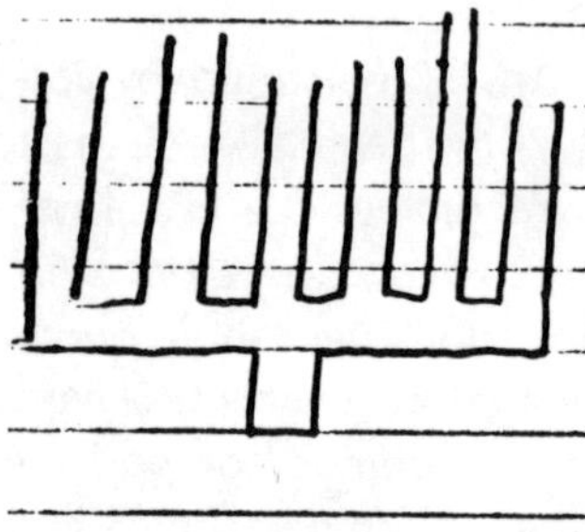

3

4

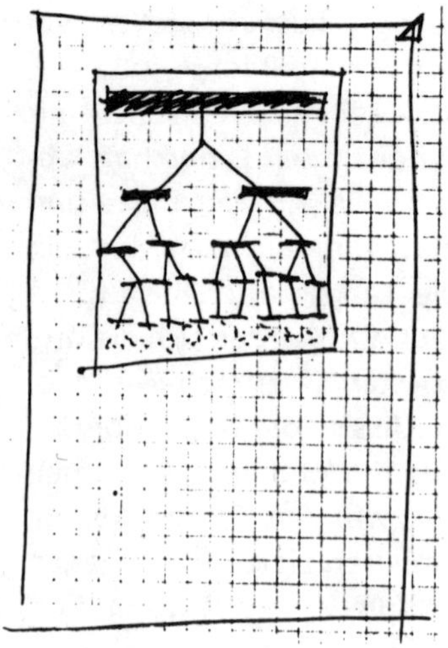

5

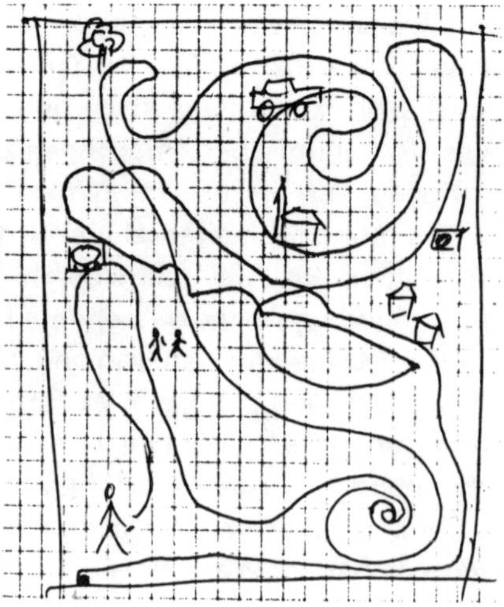

6

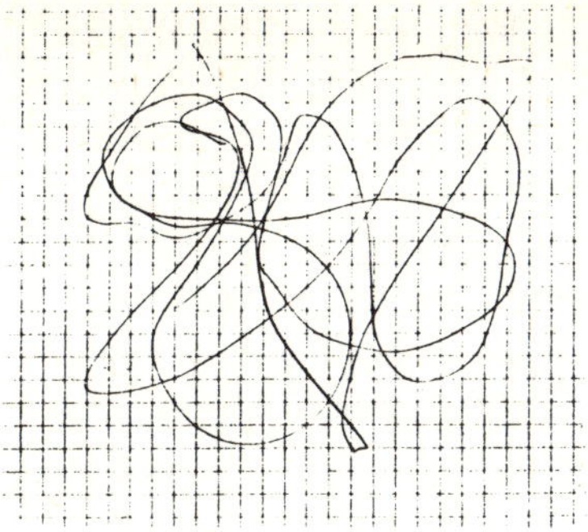

7

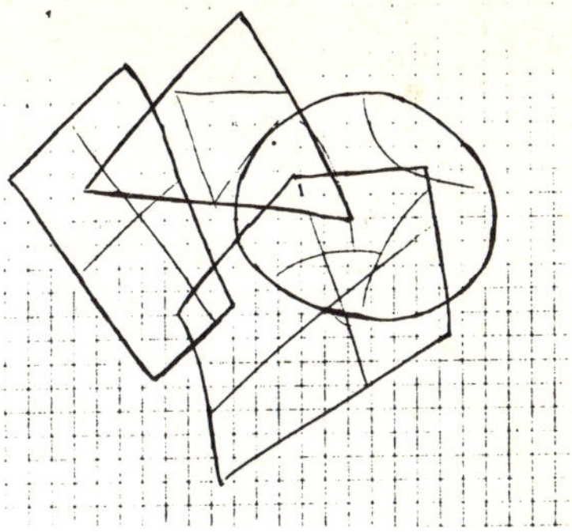

8

Haus. Was bedeutet uns eine Brücke, lädt sie, weil sie verbindet, mehr zum Treffen ein? Natürlich ließe sich da etwas analysieren. Aber das war nicht die Aufgabe für die Studenten. Vielmehr sollte jeder versuchen, einmal zu Wissenschaft, einmal zu Alltag ein jeweils für den Teilnehmer stimmiges Bild vor seinen Augen entstehen zu lassen und aufs Papier zu werfen. Nachher sollten die anderen raten, welche Zeichnungen welchen Bereich meinten. Einige der Bildpaare sind hier wiedergegeben. Sie werden nicht kommentiert, der Leser soll die Zuordnung selbst vornehmen, auf den ersten Eindruck hin, ohne sich dabei viel Zeit zu lassen.

In der Fußnote der folgenden Seite sind die „richtigen Lösungen" angegeben. Es ist aber schnell klar, welche Zeichnung wie gemeint ist.

Aus der Zustimmung, dem richtigen Zuordnen durch die anderen Teilnehmer, ging hervor, daß die persönlichen Bildsymbole die Sache irgendwie trafen und zwar für fast alle Anwesenden, also zur allgemeinen Mitteilung wurden. Man kann sich mit Bildern sozusagen zublinzeln, etwas schnell ausdrücken und erfassen.

Im ersten Kapitel habe ich anhand der Übersetzung des Begriffes Intersubjektivität in ein Bildsymbol kurz auf die Forschungen Herbert Silberers hingewiesen, der in Verbindung mit Freud und Jung in Wien über Symbole und deren Funktion neben der

Begriffssprache arbeitete. Seine Charakterisierung der Symbole will ich aufgreifen:

„Unter ‚Symbol'", sagt Silberer (1912, S. 661–663, 672) „kann man natürlich verschiedenes verstehen; das Wort hat im Laufe der Zeiten mancherlei engere und weitere, eigentliche und uneigentliche Anwendungen gefunden. Man hat damit allemal etwas Anschauliches bezeichnet. Der Sinn, der diesem Anschaulichen (Bild, Zeichen, Handlung u. dgl.) zugrunde lag, konnte verschiedenen Gebieten angehören und in verschiedenartiger Verknüpfung mit dem Zeichen stehen, so zwar, daß in einer verwässerten Anwendung des „Symbols" jene Verknüpfung sogar etwas recht Oberflächliches sein konnte. Man gebrauchte die Bezeichnung „Symbola" für allerhand Legitimationen und Marken sowie für verabredete Zeichen, an denen sich die Mitglieder einer Sekte oder eines Geheimbundes gegenseitig erkannten. Da ist das Symbol ein durch Übereinkunft geschaffenes Erkennungszeichen, das, ohne seine Bedeutung zu wechseln, auch ganz anders hätte gewählt werden können. Die Verbindung zwischen dem Symbol und seinem Gehalt ist hier oberflächlich, wenn auch das betreffende Zeichen außer seiner Funktion als Erkennungsmerkmal noch eine separate tiefere Bedeutung haben mag, die ihrerseits mit dem Symbol in einem tieferen – ich möchte sagen: dem eigentlich symbolischen – Zusammenhang steht. Die gehaltvollere und bevorzugte Anwendung der Ausdrücke „Symbol" und „Symbolik" setzt eben jenen tieferen Zusammenhang voraus. Das Willkürliche, auf bloßer Verabredung Beruhende ist hier ausgeschlossen, und wir erwarten statt dessen etwas Bedeutsames und eine gewisse innere Notwendigkeit." Symbole werden gerade im wissenschaftlichen Sprachgebrauch häufig nur im Sinne verabredeter Zeichen, Formeln, Indices und dergleichen verstanden. Da Symbole also dort ohne ihre Tiefendimension genommen werden, soll es hier umso wichtiger sein, zum „eigentlichen" Symbol zu kommen,

*Zu den vorangegangenen Zeichnungen: „Wissenschaft" wurde von den Studenten symbolisiert durch die Zeichnungen 1, 3, 5 und 8, „Alltag" durch die Skizzen 2, 4, 6 und 7. Schon auf den ersten Blick kann man erkennen, daß „Alltag" mit runden Formen verbunden wird, „Wissenschaft" mit eckigen.

dem von Berufs wegen die in Freuds Kategorien geschulte Aufmerksamkeit Silberers gilt:

„Wenden wir uns nun als Psychoanalytiker welchem Gebiet immer zu, so ist es stets eine unserer Hauptaufgaben, Symbole zu entziffern. Wir sind genötigt, eine Menge von Erscheinungen, die uns entgegentreten, nicht als bare Münze, sondern als symbolische Vertreter von etwas anderem zu nehmen, was hinter ihnen steckt oder ihnen zugrunde liegt; als den manifesten Ausdruck von etwas Latentem."

Bei einer Bestandsaufnahme zeigt sich, daß diese „Vertretungen" „eine eigentümliche Tendenz vom Abstrakten zum Anschaulichen zeigen und daß sie im allgemeinen den Charakter richtiger Symbole, d.h. solcher Bilder anstreben, die mit dem, was sie bedeuten sollen, eine sozusagen vitale Verbindung haben, etwa wie die Pflanze mit dem Boden, worin sich das Geäst ihrer Wurzeln verzweigt, um dem Gewächs Halt und Nahrung zu verschaffen.

Dieser Vergleich mit der Pflanze drückt natürlich nur eine Eigenschaft des Symbols, den innigen Zusammenhang mit seiner Bedeutung, aus. Hinzuzufügen ist die weitere Eigenschaft, daß das Symbol mit dem, was es symbolisiert, mehr oder weniger wesensgleich erscheint. Ein Symbol kann lange unverstanden bleiben; ist es aber einmal gedeutet, so sieht der aufgeklärte Beschauer eine Verwandtschaft zwischen dem Symbol und dem Symbolisierten, und zwar oft eine so enge Verwandtschaft, daß er sich verwundert, wie er sie denn jemals habe übersehen, wie er jemals das Symbol habe unverständlich finden können. (Es schließt dies nicht aus, daß, wie später ausgeführt werden wird, einem Symbol mehrere ‚Bedeutungen' zukommen mögen.)

Das Erlebnis des plötzlichen Klarsehens, dieses Fühlens der Verwandtschaft oder organischen Beziehung von Bedeutung und Symbol, kommt, wie man ja weiß, nicht gerade nur bei der Anwendung der Psychoanalyse vor, sondern überall, wo bedeutungsschwangere Symbole anfänglich übersehen oder mißverstanden und dann durch eigene Arbeit oder durch fremde Anleitung entziffert werden. Das Leben ist voll solcher Symbole; nicht jeder hat das Talent, sie alle zu entdecken."

Das anschauliche Symbol also hat seine eigene Art, die Sache richtig zu treffen, auf andere Weise richtig, als es der Begriff versucht, noch dazu mit provozierend wenig Anstrengung. So schreibt Silberer, der sich den Bildern widmet, die entstehen, nachdem er bis zur Müdigkeit versucht hat, das jeweilige Problem zu bewältigen: „Das anschauliche Bild trat gewissermaßen als eine Erleichterung des Denkprozesses auf, und zwar als eine fühlbare Erleichterung, die etwa der Empfindung verglichen werden kann, die man hat, wenn man sich, von einem anstrengenden Marsch ermüdet, zur Ruhe niederläßt. Daraus scheint, nebenbei bemerkt, hervorzugehen, daß diese bildliche Art zu ‚denken' eine weit geringere Anstrengung kostet als die gewöhnliche."

So erscheint im Vergleich zum „normalen Weg" „der vollsten diskursiven Bewältigung des Gedankens ..., die auf alle minderwertigen Auffassungen desselben Gedankens als bloße Vorstufen, als Entgleisungen, als Mythenbildung, und, falls das Moment der Bildlichkeit dabei ist, als Symbole herabsieht" (Silberer, 1912, S. 682), die Symbolbildung zunächst als Rückfall. Um die andererseits unverhoffte und scheinbar unverdiente Produktivität der Symbolbildung näher zu beleuchten, wenden wir uns einem indirekten Nachfolger Silberers zu. Vasilii Nalimov, Mathematiker, Physiker und Kybernetiker beschreibt Versuche, die er in den letzten 15 Jahren in der UdSSR gemacht hat, um Begriffe und Probleme in innere Bilder übersetzen zu lassen, oder – um in Silberers Terminologie zu bleiben –, in „materiale" Symbole:

„Materiale Phänomene (Inhaltsphänomene) nenne ich diejenigen Erscheinungen, welche in der autosymbolischen Darstellung von Gedankeninhalten bestehen, d.h. von Inhalten, welche in einem Gedankenverlaufe bearbeitet werden, seien sie nun bloße Vorstellungen oder Vorstellungsgruppen, Begriffe, die etwa zu Begriffsvergleichungen und zu Definitionsvorgängen herangezogen werden, oder aber Urteile, Schlußfolgen, die analytischen oder synthetischen Operationen dienen usf." (Silberer 1909, S. 516).

Nalimov erwähnt Silberer nicht, und vermutlich ist er ihm auch nicht bekannt. Auch die Methode Nalimovs ist etwas anders.

Silberer versuchte, um im Bild möglichst viel vom Begriff zu haben, die bewußte, angestrengte Gedankenführung gegen die Müdigkeit, soweit wie möglich, arbeiten zu lassen, den Antagonismus zwischen beiden zu balancieren. Seine unbewußten Bilder sollen eine bewußte Komponente bewahren. Es ist eine Kontrolle dabei. Nalimov geht es generell um unbewußte Bilder, denen sich die Versuchsperson entspannt ausliefern soll. Nalimov benutzt Verfahren des autogenen Trainings, um seinen Versuchspersonen das Gefühl zu geben, Ruhe zu haben oder, wie er sagt, um ihre persönliche psychologische Zeit zu verlangsamen. Ein Tonband läuft, mit einem von einem Hypnotiseur gesprochenen Text, begleitet von Musik. Dann instruiert der Experimentator: „Freiheit ..., denken Sie nicht, erörtern Sie nicht ... erfahren sie Sie. Ich trete in sie ein, ich werde sie, ich erfahre sie." Das Stichwort Freiheit wird in einer Triade zusammen mit Sklaverei und Würde bearbeitet. Ein anderes Thema ist Zeit. Die Entspannung kann eine anstrengende Sache sein, die Gedanken wollen nicht aufhören. Die Protokolle enthalten zu einem Fünftel vorwiegend Überlegungen, Erinnerungen, Assoziationen, Klischees und stoßen nicht zu unbewußten Bildern vor.

Nalimov arbeitet mit rund 200 Personen, in Moskau und in den armenischen Bergen, mit Ingenieuren, Piloten und mit Malern, die ihre Protokolle mit Illustrationen versehen, mit Gesunden und psychisch Belasteten, soweit denen solche Übungen zugemutet werden können.

„Ich sah den Wind im leeren Raum wehen. Ich hatte ein Gefühl von Wonne, Fliegen, Sonne, der Abwesenheit irgendeiner Notwendigkeit. Ich war wie ohne Gewicht," heißt es in einem Protokoll. Fliegen wird zu Freiheit am häufigsten erlebt. „Den Ikarus machen", heißt es im Osten, „Major Tom: völlig losgelöst," im Westen. Die Erlebnisse zum Begriff der Zeit enthalten rhythmische Figuren, wieder den sich bewegenden Raum, Glokken und Spiralen, Tempel, mythische Bilder und Licht.

Auch Silberer, Experimentator, Versuchsperson und Protokollant in einem, interessiert der Zeitbegriff. Er versucht in seinen Gedanken, die Zeit wie eine körperliche Substanz in Portionen einzuteilen „wonach sich die einzelnen Zeiträume zur Gesamtzeit ebenso verhalten sollten, wie etwa stoffliche Mengen zur Gesamtmenge eines unter einem Begriffe gedachten materiellen Stoffes. Dieses gewaltsame ‚Hineinpressen' einer Sache in einen Begriff erzeugte folgendes Symbol: Ich drückte eines jener Spielereiteufelchen, die aus einer Überraschungsbüchse herausspringen, in die Büchse hinein; jedesmal aber, wenn ich die drückende Hand wegzog, sprang das Teufelchen mit der Spiralfeder wieder lustig heraus" (1909, S. 521).

Für Silberer ist das ein Mischbild, das einerseits – „material" – bedeuten mag, daß sich die Zeit so mechanisch nicht teilen läßt und das andererseits – „funktional" – vielleicht seine eigene Müdigkeit widerspiegelt, die ihn daran hindert, das Problem zu Ende zu denken. Ob die Spiralfeder den Spiralen in Nalimovs Zeitversuchen verwandt ist? Wer weiß!

Früher, als die Tiere den Menschen die nächsten Kreaturen waren, sagt Nalimov, hätten die Philosophen nach dem prinzipiellen Unterschied zwischen Mensch und Tier gefragt. Heute sei die nächste und verständlichste Kreatur der Computer und der prinzipielle Unterschied der, daß wir über Imagination verfügen.

Nalimov nimmt Ozhegovs Russisches Enzyklopädisches Lexikon und vergleicht die semantischen Felder, die sich aus den Begriffen zu Freiheit dort und den Begriffen aus seinen Experimenten konstruieren lassen und jeweils etwa tausend Worte umfassen. Bis zu etwa einem Drittel geht die Übereinstimmung, dann klaffen die beiden Felder auseinander.

Wie ist Freiheit nun richtig definiert, über Fliegen, Sonne, Wonne und Schwerelosigkeit oder über die Beschreibung der Lexika, die sich in einem Patienten so festgesetzt hat: „Zu Freiheit fiel mir immer nur ein: ‚Freiheit ist eingesehene Notwendigkeit'. Sonst tauchten keine Assoziationen auf, die des Erinnerns wert gewesen wären." Der Punkt ist: es gibt zwei Richtigkeiten, nur ist die bildlich erlebte weniger zugerichtet.

Auf die Zahl seiner Versuchspersonen und Protokolle, auf Konstruktionen von semantischen Clustern, Dendrogrammen und Feldern gestützt, beansprucht Nalimov wahrscheinlich zu Recht, daß seine Studien die ersten dieser Art seien, die sich um Systematik bemühen.

Piaget bedauert, daß der originelle Silberer nicht wie Adler und Jung eine eigene Schule gegründet habe. Aus den Bildern, die Silberer in seinen Träumen und Halbträumen beschäftigten, und deren Deutungen geht zwischen den Zeilen hervor, daß er gern Frauen Konfekt schenkte und sich Theaterspiele ausdachte. Vielleicht flatterte er wie Chous Schmetterling – lieber, sich seines Lebens freuend, umher, anstatt die Zeit zur Gründung einer Schule zu nutzen, die – nach Piaget – die Psychoanalyse vielleicht wieder näher mit der übrigen Psychologie zusammengeführt hätte.

Immerhin, durch Silberer und den sendungsbewußten Nalimov weiß man mehr über Möglichkeiten eines Nachsinnens, das nicht von vornherein auf zerlegende Analyse seines Gegenstandes aus ist. Aber bis jetzt sind diese Gegenstände immaterielle Konzepte, Ideen, Begriffe. Uns geht es hier aber auch um die kleinen greifbaren, ganz materiellen Substanzen wie den klebrigen Honig, das klare harte Glas, das schwere Messing, das sich warm anfühlende Holz. Wie lassen sich die erkennen, wie kommen wir näher an sie heran oder gar in sie hinein, wie werden wir mit ihnen für eine kurze Zeitspanne eins, ohne von uns selbst und unseren Zielen zu wissen? Darf einem hier einfallen, daß im Alten Testament das Erkennen mit dem Beschlafen eins gesetzt wurde als besonderes Erfahren von Gemeinschaft, als flüchtige Erinnerung an eine andere Art von Erkenntnis als die des Sündenfalls, die die Unterschiede lehrte?

Das Folgende behandelt Vorversuche in der Anwendung von Silberers Halbtraummethode: „Die für mich an diesem Abend aber faszinierendste Aufgabe war es, einen Tagtraum zu träumen, aber geleitet von der Frage: Wie erkennen wir Objekte? Wie kommen wir in Objekte hinein? Bei mir stellte sich an diesem Abend eine wohl irgendwie assoziativ zusammenhängende Bilderfolge ein: Ein Blindekuh-Spiel. Mit verbundenen Augen tappe ich im Kreis, sehe mich aber gleichzeitig von oben. Um mich herum Objekte; geometrische Figuren (Halbkreise, Dreiecke, Kreise ...) in verschiedenen Farben. Die Farben sind nie so ganz eindeutig auszumachen. Die Objekte tanzen um mich herum; sie quietschen. -

Ein Versteck-Spiel. Eine alte Scheune. Ich muß eine Leiter hinaufsteigen, weil droben das ist, was ich suche. Als ich oben bin, werfe ich oder rutscht mir die Leiter weg.

Russische Holzfiguren, bemalte, von der Art, die man so ineinander steckt, daß aus ihrem Bauch immer noch mal eine hervorkommt. Ich bin eine solche Figur. In mir andere, um mich herum andere. -

Ein großer Spiegel. Ich sehe mich, stehe mir gegenüber. Ich will hinter den Spiegel gehen, aber dieser ist nach allen Seiten unbegrenzt. Da ich aber unbedingt dahinterkommen muß, trete ich hindurch. -

Viele Masken, alles ist verkleidet, eine rasende Bewegung, Tanz. Ich fühle mich in einem Wirbel, einem Sog. -

Plötzlich eine weite Ebene, eine Wüste. In der Ferne ein Gebire, rote Steine. Die Sonne brennt. Ich muß einen Berg hinaufklettern, sehe auf einmal direkt in die glühende Sonne, diese ist aber eine Scheibe, fällt herunter auf einen Tisch und wirbelt darauf wie eine Münze, dabei wird sie immer langsamer und verliert an Leuchtkraft. –

Ein dunkler Gewitterhimmel. Eine niederdeutsche Landschaft. Durchzogen mit Wassergräben und Weidezäunen. Der Himmel wird immer dunkler. Plötzlich wandelt sich die Landschaft, wird hügeliger. Ich gehe immer weiter. Ein kleiner See, an dessen Ufer ich trete, hineinsehe. Ich sehe im Spiegel des Sees mich, den Gewitterhimmel, der sich entfernt, durch den Sonne hindurchbricht."

Der Berichterstatter ist Teilnehmer eines sich über drei Semester erstreckenden Kolloquiums mit dem Titel „Gestalt – Widerspiegelung – Symbol", in dem ich als Gast auftrete. Er heißt Hans Gängler und beschreibt in seiner Zusammenfassung der drei Semester einen Februartag im Haus der Tübinger Dozentin Anne Frommann, wo wir vom frühen Nachmittag bis zum späten Abend Zeit haben. Die Kulisse ist wichtig und wird in dem Bericht liebevoll wahrgenommen. Ein Seminarraum mit Resopaltischen oder dergleichen hätte wohl alle Bilder schon im Entstehen aufgeschluckt. Aber es sind immer noch Bilder von irgendwelchen gedachten Objekten, so ganz allgemein. Da, wo die wirklich anfaßbaren Sachen auftauchen, wird der Chronist sich einer Skepsis bewußt: „Dann wurde eine undurchsichtige schwarze spiegelnde Glaskugel von der Größe eines Apfels herumgereicht. Jeder betrachtete sie unter der Frage: Wie kann ich in diese Kugel gelangen?

Manche berichteten, daß sich die Kugel auftat, Risse bekam durch die sie in die Kugel gelangten; ja, ganze Geschichten voll Phantasie wurden erzählt. Einer Teilnehmerin war die Kugel aber auch unheimlich, angsterzeugend. Wir bekamen untereinander die unterschiedlichsten Geschichten zu hören.

Mir kommt allerdings bei derlei Übungen oft der Gedanke, inwieweit hier authentisch gehandelt oder erlebt wird und inwieweit jemand sich nicht lediglich etwas ausdenkt, d.h. sich vorstellt, wie es sein könnte, aber dies selbst nicht erlebt, d.h. das Erlebnis nur als mögliches nicht als wirkliches erzählt wird."

Diese Skepsis soll man im Kopf behalten. Zwar gefällt Musil an seinem „Mann ohne Eigenschaften", daß der einen ausgeprägten Möglichkeitssinn hat, wo andere auf ihren Wirklichkeitssinn stolz sind, aber hier sind andere Wirklichkeiten gemeint.

Nehmen wir die eine oder andere Geschichte, die sich an der schwarzen Kugel aus massivem Glas entzündete und die jeweils erst erzählt wurde, nachdem alle ihre Begegnung mit der Kugel gehabt hatten: Ein Teilnehmer findet sich, nachdem er in die Kugel gelangt ist, auf einem Felsen am Meer. Alle haben die Kugel mit ihm und mit dem Meer in der Hand. Am Eingang der Kugel hat er gesehen, daß noch ein Untergeschoß da ist, eine Höhle mit Stalaktiten. Dann ist es wie im Inneren eines Bauches. Er hat Angst, aber nicht lange, denn die anderen halten die Kugel ja in ihren Händen.

Ein anderer kommt nicht so ohne weiteres in die Glaskugel hinein. Da macht er sich klein, bis die Kugel sich öffnet, aber die Öffnung ist gezackt wie bei einem Werkzeug, und die Zacken machen ihm Angst. Dann verwandeln sich die Zacken aber in Sonnenblumenblätter. Innen ist ein dunkles brausendes Meer, durch das er zum Strand gelangt. Zwei Ruinen stehen da, es sieht wie ein Kreuzgang aus. Dahinter ist ein „kitschig idyllisches Tal", da ist es warm, er hat sich ins Gras gesetzt.

Objekte aus verschiedenen Materialien

Einer Teilnehmerin ist die Kugel zu klein, zu schwarz, zu unsympathisch. Dann ist sie doch drin, von innen ist es wie Schiefer, aber die Kugel bleibt zu klein.

Eine Teilnehmerin hat mit der Aufforderung, in dieses schwarze Glasding hineinzusollen, nichts anfangen können. Was soll denn das! Dann hat sie ihr Spiegelbild darin gesehen und ist erschrocken. Bin ich etwa schon drin? Dann weiß sie aber, daß es einfach nicht geht, in so eine Kugel hineinzugelangen, ohne daß die kaputtgeht.

Einer hat das Gefühl von Hingabe gehabt, wird dann traurig und fragt sich, wie er wieder zurückkommt. Einige fühlen sich traurig und vereinsamt. Die dunkle Glaskugel enthält viel Nacht.

Im Dezember darauf dreht H.C. Leuner, der das Erleben von Bildern für Therapiezwecke entwickelt hat, die Kugel in Göttingen in seinen Händen. Die Kugelgestalt allein ist schon zu viel Symbol, dann noch die Schwärze, verschwindet dahinter nicht das Glas? Er findet das Objekt nicht allzu gut gewählt.

Etwas später gebe ich zylindrische, an den Ecken konisch zulaufende, etwa eigroße Objekte aus verschiedenen Hölzern, Beton, Messing, Stahl, Aluminium, Trovidur und, dieses Mal, farblosem Glas Herbert Neubecker, einem Bühnenbildner. Die Objekte sollten ursprünglich die Form eines Eis haben, das für die Werkstatt leichtere Drehen eines Zylinders mit abgerundeten Kappen brachte projektilähnliche Formen hervor. In der Abbildung gegenüber sind diese Objekte neben der schwarzen Glaskugel wiedergegeben.

Herberts Plakat für ein Theaterstück, das von besetzten Häusern handelt, hängt gerade an den Litfaßsäulen. Es ist düster und surrealistisch, an einer Stelle kriecht eine Unterführung mit Schallschutzmauer, alles aus Beton, unter einem Polizistenhelm hervor.

Man kann Beton, da er so reichlich verbreitet ist, aus den Versuchen nicht gut auslassen. Aber Herbert mag das Material schlicht nicht, kann sich ihm nicht ausliefern und reproduziert seine schon vorhandene schwarze Abneigung, indem er eine absurde Betonbrücke in der Mitte auseinanderklaffen läßt; ein Auto rast auf die Lücke zu. Oder ein Betonquader wird durchsichtig, und ein Skelett hockt darin. Oder es sind in Bilder verwandelte Überlegungen, die aufkommen: „Die Menschen werden zum Teil des Gesteins, wie manchmal das Gemälde durch den Rahmen beherrscht wird, wenn es allzu langweilig ist." Herberts Protokolle werden ausführlich weiter unten wiedergegeben.

Mit Holz ist es manchmal auf umgekehrte Weise schwierig. Erinnerungen an Waldspaziergänge zu mehreren bilden sich ab, konkrete Erinnerungen an einen Hochsitz und eine Blockhauskirche. Gerade das gehört auch zu den Stoffen in ihrem Verhältnis zu uns: daß wir schon Erinnerungen an sie haben, sie schon einmal mindestens als Requisiten und Kulissen in verschiedenen Lebensszenen erlebt haben, ihnen Sympathien und Abneigungen entgegenbringen, wobei ich Gleichgültigkeit als eine Art von Abneigung rechne.

Einen Teil der projektilförmigen Objekte, mit denen sich Herbert beschäftigt, haben schon die Teilnehmer des Tübinger Kolloquiums in den Händen gehalten und nach den Sympathien beurteilt, die sie diesen Gegenständen entgegenbringen konnten. Die folgende Einordnung durch 16 Teilnehmer zeigt, daß es zu einer auf die Versuchspersonenzahl bezogenen durchaus signifikanten Einstufung kommt. Die Sympathien verteilen sich ganz offensichtlich nicht statistisch auf die einzelnen Stoffe; die Rangfolgen entnehmen Sie bitte der Tabelle auf der Seite gegenüber.

Zwar spiegeln sich in solchen Sympathierangfolgen auch gesellschaftliche Urteile der jeweiligen Zeitperiode, hier etwa, daß das Wort „Plastik“ in den letzten Jahren einen zunehmend schlechten Klang bekommen hat, während mit Holz eine von vielen positiv beurteilte Natürlichkeit verbunden wird. Andererseits ist das Vergeben von Sympathien und Antipathien für Stoffe insofern ein, im anfangs beschriebenen Sinne, musikalischer Akt, als mit großer Schnelligkeit und Treffsicherheit, sozusagen auf einen Schlag, die befragte Person – für sie selbst stimmig – ein breites Spektrum an Gedachtem, Gefühltem und Erinnertem auf einen Nenner bringt. Die Breite dieses Spektrums soll mit Einzeläußerungen kurz belegt werden.

Beim Teakholzei wird als negative Beurteilung erwähnt, daß die vor allem in den fünfziger und sechziger Jahren breite Verwendung von Teakholz, insbesondere in Form von Furnieren, diese Holzart entwertet hat. Der Bezeichnung Teak hafte jetzt etwas Spießiges, etwas einerseits gewollt Edles, etwas andererseits massenhaft Ramschiges an. Dann wieder sei das bis auf die Formgebung unbehandelte Holz selbst samtig, es lade zum Streicheln ein. (Es sei kurz an die Tastspiele und deren wohnpsychologische Moral zu Anfang des Kapitels erinnert.) Das Red Pine Holz wird als beschwingt, lebendig und leicht empfunden. „Zu leicht“, sagt eine Teilnehmerin, für seine Größe sei das Objekt nicht schwer genug. Mehrere Teilnehmer meinen, von Holz eine gewisse Dichte erwarten zu dürfen.

Demgegenüber sei Messing mächtig, aber nicht unangenehm, eher behäbig. Einer der Teilnehmer, der diesem Stoff den ersten Platz zuerkannt hat, schwärmt für den frischen Geruch (Eisen z.B. rieche dumpfer). Messing sei echt – oder auf schwäbisch – „e saubere Sach!“. Sehr stört viele die Form: die Erinnerung an ein

Materialien & Sympathien
Rangfolgen bei 16 Erwachsenen

Material / Person	A	B	C	D	E	F	G	H	I	J	K	L	M	N	O	P	Mittel
Holz (Teak)	1	2	1	1	1	2	4	5	1	1	2	1	2	2	2	4	1.9
Metall Messing	4	1	3	3	2	1	3	1	3	3	4	6***	3	1	1	2	2.6
Holz (Red Pine)	2	6	2	2	3	3	5**	6	2	2	1	2	4	3	3	1	2.9
Metall Aluminium	3	5	4	5	5	–*	1	4	6	6	3	6	5	6	5	5	4.6
Kunststoffe:																	
Plexiglas (PAN)	5	3	6	4	4	–*	5**	3	5	5	5	3	1	4	4	3	4.0
Trovidur rot (PVC)	6	4	5	6	6	6	6	2	4	4	6	6*	6	5	6	6	5.3

* keinen Platz vergeben
** keinen 2. Platz vergeben
*** keinen 4. und 5. Platz vergeben

Projektil kann durch die Anziehung des Materials nicht immer überwogen werden. Es gibt aber kein Material ohne Form.

Wollte man solche Sympathiestudien systematisch machen und auf den Stoff selbst beziehen, müßte man ein- und dasselbe Material in möglichst verschiedenen Formen anbieten.

Bei den Kunststoffen, die von ihrer gemachten Natur aus meist klar oder trübe farblos sind, ist die jeweilige Pigmentierung zu berücksichtigen. Das Trovidur kommt so schlecht weg, weil die knallrote Farbe gleichzeitig grell und stumpf wirkt, dagegen gewinnt das Plexiglas durch seine ihm eigene klare Durchsichtigkeit.

Herbert hat noch – wie gesagt – einige zusätzliche Objekte bekommen, die nach dem Kolloquium in Tübingen angefertigt worden sind. Seine Rangordnung ist:

1. Glas in Form einer hohlen Kugel,
2. Glaskörper, konisch (Form der vorher erwähnten Objekte),
3. durchsichtiger Kunststoff (Plexiglas),
4. Holz hell (Red Pine),
5. Holz dunkel (Teak),
6. Aluminium,
7. roter Kunststoff (Trovidur),

   und nach einer großen Spanne abnehmender Sympathie:

8. Stahl,
9. Messing,
10. Beton.

Solche Sympathien und Abneigungen also spielen mit hinein, wenn man versucht, Silberers oder Nalimovs Methode auf Stoffe anzuwenden. Herbert kann sich nicht ohne weiteres entspannen. Bilder, in denen sich Traumelemente entdecken lassen, kommen an ruhigen Tagen, an denen er sich viel Zeit nehmen kann.

Die Imagination im echten Traum ist einigermaßen anarchisch, tolerant gegenüber Paradoxien, die sie gelassen nebeneinander stehen läßt, schwer berechenbar hinsichtlich ihrer Bildauswahl und Szenenfolge, lebhaft filmisch und auch von daher im Gegensatz nicht nur zum stehenden Bild, sondern auch zum festen Begriff. Sie bleibt aber auch nicht bei einem Problem; die

Bilder verwischen meist schnell nach dem Aufwachen. Die Halbträume sind dagegen, wie schon erläutert, der Beobachtung besser zugänglich als der echte Traum.

Bei Herbert stellen sich Tagtraumbilder am ehesten bei Materialien ein, die ihm sympathisch sind, am schlechtesten bei Materialien, die er nicht mag. Fangen wir mit diesen an. Zu den einzelnen Materialien gibt es meist jeweils mehrere Protokolle, von verschiedenen Versuchen und Tagen her. Es folgen diese Protokolle und zu einigen von ihnen die Zeichnungen:

Beton, Bild l:

„Aus dem Boden schießen Hochhäuser. Fenster an Fenster, doch leblos ist das eine wie das andere. Eine einzige amorphe Masse. Anonym bleibt alles, bis es zusammenstürzt. Verbindungen sind da, so wie die verfensterte Betonbrücke*. Doch auch diese Brücke vergeht in beiderseitiger Anonymität. Die Menschen werden zum Teil des Gesteins, wie manchmal das Gemälde durch den Rahmen beherrscht wird, wenn es allzu langweilig wirkt."

Beton, Bild 2:

„Da wird eine Brücke errichtet und eingeweiht und wartet auf die ersten Besucher, die nicht wissen, daß auch eine sehr gut gebaute Brücke ins Nichts führen kann. Ganz gleich, von welcher Seite man sie befährt oder begeht. Das Wasser wartet tükkisch plan auf die ‚Königskinder'."

Beton, Bild 3:

„Ich sehe einen Ausschnitt von einem unendlichen Steinquadersystem. In diesem Ausschnitt herrscht Unruhe wie Ruhe. Der Ausschnitt enthält sechs Quaderwürfel. Einer hat sich aus dem Sechser-System bereits herausgelöst. Der zweite steht im Begriff, zu folgen. Inneres wird sichtbar, ein mit der Steinmasse verwachsenes menschliches Skelett. Die (noch) verbleibenden vier Quader verharren zunächst weiterhin ordentlich im Ruhezustand." (s. Abbildung auf Seite 136)

* (Er hat eine Brücke mit Fenstern gezeichnet.)

Halbtraumbild zu Beton

Zu Messing macht Herbert vier Versuche, die er in den nachfolgenden Protokollnotizen ihrer Reihenfolge entsprechend festgehalten hat:

Messing, Bild 1:

„Ich sah nicht viel. Mich (von hinten). Ich fühlte ein schweres, metallhaftes Etwas im Rücken. Ich meine, es war wie ein langes Rohr – es kann gut eine Pistole gewesen sein, die mir jemand auf die Schulter drückte. Welche Mimik ich angelegt hatte, weiß ich nicht. Ich fühlte mich bedroht."

Messing, Bild 2:

„Ich sah nicht viel, nicht ganz so viel, wie auf der Zeichnung jetzt zu sehen ist. In der Mitte oben bemerkte ich, wie sich ganz langsam dunkle Metallstäbe zu einem Kerkerfenster kreuzten und den Raum verschlossen. Links unten registrierte ich schemenhaft ein Eisenbett, von der Art gewöhnlicher Feldbetten. – Mich selbst registrierte ich nicht mehr, das muß ein Phantasiesturz gewesen sein."

Messing, Bild 3:

„Zuerst sah ich den linken Hügel, aus dem Hintergrund rollte langsam eine alte Kanone in den Bildvordergrund. Wer und ob sie einer bedient, habe ich nicht gesehen. Nur die Kugeln, die aus ihrem Lauf – ununterbrochen – schießen. Sie sorgen für mit Menschen aufgefüllte Täler. Was am Ende überbleibt, sind Holzkreuze. Im Hintergrund wachsen Berge. Über denen war Nacht."

Messing, Bild 4:

„Geschlossene Tür. Verschnörkeltes Schloß. Zu schnell findet sich der Schlüssel, der möglicherweise paßt. Dieser metallene Stoff (Messing) will in meinen Gefühlen nichts Rechtes bewirken."

Er sieht nicht viel, protokolliert Herbert mehrmals. Tatsächlich ist das meiste denn auch wohl weniger gesehen als mit Messing gedanklich assoziiert: Projektile (Pistole und Kanone), Gitterstäbe, Messing als verkitschtes Material eines in neubarocker Manier und in Massenproduktion hergestellten Schlosses.

Zu Stahl macht er nur einen Versuch. Das Bild – auf der nächsten Seite zu sehen – beschreibt er so:

Bild Stahl:

„Ich trete auf den schmiedeeisernen, verschnörkelten Balkon einer weiß gemauerten Villa in einem südlichen Land. Die Assoziation mit dem Balkon Romeos und Julias liegt nahe. Ich sehe sehr viel, was der Betrachter nicht sieht. Es sind schöne Dinge (Menschen, Landschaften), die nur sichtbar sind, wenn der schwere stählerne Reißverschluß heruntergezogen wird. Meist ist er zugezogen, weswegen die Erwartungen an das, was ich sehen möchte, so groß sind" (Siehe Abb. S. 138).

Stahl erscheint zunächst in materialangemessenen Funktionen: Schmiedeeiserner Balkon, Reißverschluß. Aber beiden Gegenständen kommt eine Bedeutung zu. Der erste ist Plattform für eine Aussicht auf Besseres, die vom zweiten versperrt oder freigegeben wird.

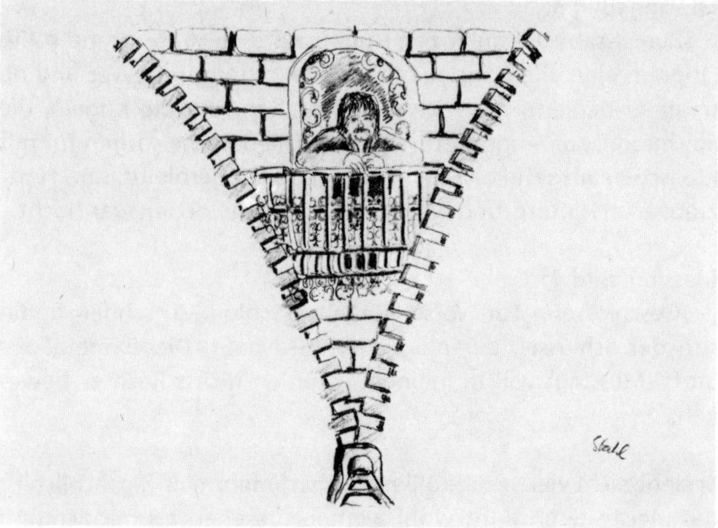

Halbtraumbild zu Stahl

An dem roten Trovidurobjekt fällt auch Herbert neben dem Material die Farbe auf, die er aber nicht als abstoßend, sondern eher als lustig empfindet:

„Kunststoff – rot, Bild 1:

Zuerst sehe ich einige bunte Plastikbälle, apfelgroß. Sie fühlen sich an wie Schaumstoff, sind sehr leicht und springen doch wie Flummis, wenn man sie etwas fester auf den glatten Boden wirft. Es werden immer mehr Bälle. Allmählich wachsen aus dem Fußboden vier Holzbohlen und fügen sich zu einer Art Bettkasten zusammen. Die meisten Plastikbälle werden darin eingeschlossen. Irgendwann sehe ich nicht mehr zu, sondern liege in dem Kasten inmitten der Bälle und spiele damit."

Dann nimmt er, Bild 2, den roten undurchsichtigen Kunststoff mit dem durchsichtigen Plexiglas zusammen und notiert:

„Kunststoff rot und durchsichtig, Bild 2:

Ein bodenloser Raum deutet sich an: Links oben erscheint die

Stahltür und ein Teilstück einer gründlich gemauerten Wand, eine Betontreppe führt weiter nach unten, hört aber jäh auf. Der Boden, auf den sie zeigt, ist nicht sichtbar. Überall ist Wasser, das bis zum Rand der obersten Treppenstufe steht. An einem Schreibtisch (sitze oder schwebe) ich, tue nichts. An meinem Kopf Anschlußbuchsen, an die dünne Plastikschläuche geschlossen sind. Sie führen nach oben zu riesigen Luftballons, die hoffentlich mit Luft, bzw. normalem Sauerstoff gefüllt sind. Die Luftballons sind sehr bunt."

Zum farblosen Kunststoff allein entwickelt er keine Bilder. Plexiglas ist für ihn zu sehr Glasersatz, und – da das richtige Glas ja zur Verfügung steht – mag er sich auf den Ersatz nicht einlassen.

Die Bilder zu Aluminium enthalten, daß man daraus Gegenstände machen kann, die nützlich sind, Annehmlichkeiten oder gar Spaß bringen. Zwei Versuche hat Herbert gemacht:

„Metall-leicht (Aluminium), Bild 1:

Zuerst sehe ich die Bohlen, die einen Holzfußboden bilden. Darauf steht eine leichtere Metallwanne, mit Wasser gefüllt. Die Wanne hat eine Sitzbank, man kann sich hinten wie in einem Ohrensessel anlehnen, die Höhe der Wannenränder nimmt in Richtung Fußende ab, wird flacher, so daß ein jeder meine Waden sehen kann. Ich sitze in der Wanne und fühle mich recht wohl. Die Hände habe ich von unten um die Unterseiten der Oberschenkel gelegt, halte mich fest, weil dies eine sehr bequeme Sitzhaltung ist. Während ich sitze, umschließen mich helle Holzbohlen, die aus Fichte sein könnten, so daß bald links und rechts von mir Seitenwände einer Hütte fertig sind. Die linke hat ein Fenster. Die hintere Wand hat zwischen zwei Fenstern eine Tür, die, etwas geöffnet, das Dunkel einer stürmischen, aber warmen Nacht hereinläßt. Nach dem Baden werde ich hinausgehen und mir das vom Mondlicht bestrahlte Blechwerk noch einmal genau anschauen, ob das auch funktioniert, was ich gebaut habe. Das wichtigste Teilstück des sich drehenden Etwas ist die kreisförmige Metallfassung, in der – bei entsprechender Windfunktion – durch Zusammenwirken aller Ein-

Halbtraumbild zu Aluminium

zelteile eine mittelschwere Metallkugel zum Kreisen gebracht wird. Der Hügel, auf dem das Etwas steht, ist grün begrast."

Aluminium, Bild 2:

„Eine Rutschbahn aus leichtem Metall, gestützt von einem Holzgerüst, mit dem Boden verbunden durch eine Holzleiter, führt in eine mit Wasser gefüllte Metallwanne, in der ein freundlicher Delphin sein Spiel treibt. Das Holzhaus im Hintergrund könnte ein Wohnhaus sein."

In beiden Fällen wird Aluminium mit Holz und Wasser zusammen erwähnt, das letztere vielleicht, weil es so eine wasser- und fischsilbrige Oberfläche hat?

Das erste der Bilder zu Aluminium ist auf dieser Seite oben wiedergegeben.

Zum dunklen Holz gibt es vier Versuche. Der erste bringt eine wirkliche Szene in Erinnerung und hat nichts Traumartiges. Das wiederum kann dem letzten Bild, das auf Seite 142 zu sehen ist, nicht abgesprochen werden.

Holz dunkel, Bild 1:

„Erinnerung an reale Erfahrung. Spaziergang mit S. und Ch. im Felmer Wald. Hinter dem Hochsitz viele Nadelbäume. Am Rande des Hochsitzes standen Pfützen mit ganz dünner Eisschicht (aber kein Schnee). Es war kalt. Ob an der Tür zum Hochsitz ein Briefkasten befestigt war, weiß ich nicht mehr."

Holz dunkel, Bild 2:

„Ein Holzlastzug verliert Teile seiner Ladung (Holzstämme). Die Halterungskette ist an einer schwachen Stelle gebrochen. Ich war gerade dabei, den Laster zu überholen. Nachdem ich die Ladung auf mich zuschießen sehe, lege ich mich mit dem Gesicht ganz schnell auf den leeren Beifahrersitz. In dem Augenblick ist (war) mir völlig egal, was mit mir passieren wird. (Zeichnung unvollständig)."

Holz dunkel, Bild 3:

„Es ist Nacht. Mondlos und sternlos. Aus sich selbst erstrahlt ein Baum, der doch krank ist und eine Stütze braucht. Und doch scheint es aussichtslos, denn fällt der Baum, dann bricht die Stütze mit."

Holz dunkel, Bild 4:

„Zuerst erschien das Meer, das sehr ruhig zu sein scheint. Am Horizont die untergehende Sonne. Auf dem ruhigen Wasser sehe ich ein Fahrrad (heute Museumsstück) über die Wasseroberfläche fahren (gleiten). Rechts erscheint dann der aus weißem Gestein bestehende Hang. Am dem Fahrrad zugeneigten Rand steht ein blattloser Baum, nur mit Geäst, das zu einer menschlichen Gestalt verwachsen zu sein scheint. An der Stelle, an der beim Menschen das Auge sitzt, leuchtet eine rote Frucht. Der Baum steht in einem sehr achtvollen Verhältnis zum vorbeigleitenden Fahrrad."

Für das helle Holz stellt sich ebenfalls zunächst wieder eine von Herbert detailgenau beschriebene Erinnerung ein, Holz, wie es jeder kennt. Dann folgt ein Bild, das mit Holz allem Anschein nach erst einmal nichts zu tun hat, es sei denn, man würde das

Halbtraumbild zum schweren dunklen Holz

erwähnte Segelflugzeug damit in Verbindung bringen, daß das helle Holzobjekt auffallend leicht im Verhältnis zum gleich großen Teakholzgegenstand ist. Sonst könnte das Bild eher ratlos machen. Die beiden Protokolle folgen hier, und die ihnen zugrundeliegenden Bilder sind auf der Seite gegenüber abgebildet.

Holz hell, Bild 1:

„Szene beruht auf Erinnerung an eine reale Erfahrung. Die Holzkirche steht in einem Waldstück, das rechts am Ortsausgang von Fleckeby (hinter Eckernförde – Richtung Schleswig, B 76) liegt. Am Fuße der Kirche ein kleinerer See, um die Kirche herum dichtgewachsener Wald (ich glaube Mischwald), alles etwas hügelig. Der Weg an der Kirche vorbei, um den See herum, mündet in die Wolfsschlucht."

Holz hell, Bild 2:

„In eine Bucht fließt das Meer. Nach oben – gen Himmel – verbreitert sich die felsige Schlucht terrassenförmig. Ganz oben fliegt ein Segelflugzeug ungehindert über die Gefahrenzone."

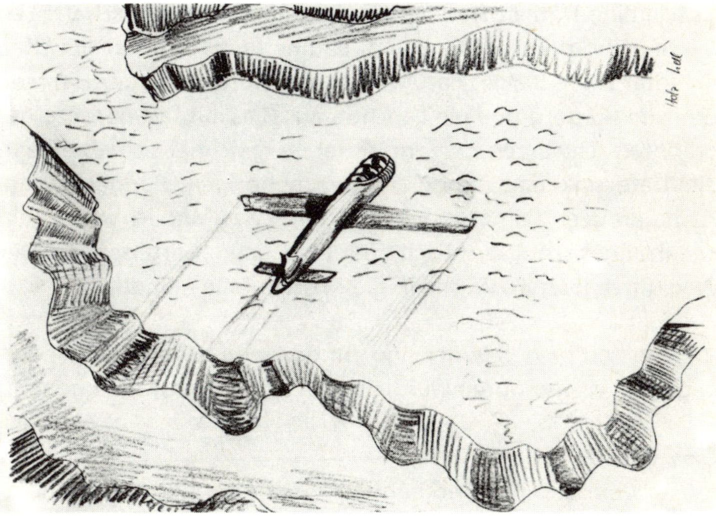

Erinnerung und Halbtraumbild zum leichten hellen Holz

Die größten Sympathien hat Herbert für die Glasobjekte. Ihnen kann er sich am leichtesten ausliefern. Während er sich sonst schwer getan hat, sich von seinen Gedanken, Erinnerungen und schon gebildeten Urteilen zu lösen, fliegen ihm bei Glas die Bilder zu.

Glas, Bild 1:

„Zuerst sah ich die Wasseroberfläche. Von links schwankte ein Ruderboot heran – ohne Mensch. Wenige Meter unter der Wasseroberfläche schwebt eine große Glaskugel mit ganz dünner Wand. In ihr, umrahmt von blauer Flüssigkeit, schwimmt ein gläserner Embryo. In seinen Adern aus Glasfibranen pulsiert die blaue Flüssigkeit. Haiähnliche Fische versuchen, die ihnen fremde Gestalt zu bedrohen. Kommen aber nicht näher, weil sie etwas von weiteren Annäherungsversuchen abhält. Links eine Wasserpflanze.".

Glas, Bild 2:

„Zuerst die Wasseroberfläche. Darin eingesunken ein großer Glaskasten. Darin ich. Keine Seite ist zu öffnen. Als nächstes taucht das kristallartig leuchtende Gestein (rechts unten) auf. Es ist wie eine Höhle offen für eine paradiesische Landschaft: See mit Segelboot im Vordergrund, Bäume und Sträucher am Ufer, dahinter hohe Berge, darüber Sonnenstrahlen, blauer Himmel. Ganz im Vordergrund ein Leuchter aus Glas mit fast heruntergebrannten schwarzen Kerzen. Als letztes zeichnet sich ab eine in die Tiefe sinkende Puppe mit dazugehörigem Puppenwagen. Fische kreuzen teilnahmslos die Bahn. Zwei Möglichkeiten: ein kanalartiges schwarzes Loch oder eine kleine Gartenpforte. Der Weg durch letztere würde in die Kristallhöhle münden."

Diese ersten beiden Bilder sind auf der Seite gegenüber wiedergegeben. Weiter unten werde ich auf sie noch etwas eingehen.

Glas, Bild 3:

(Auf dem Bild nicht erkennbar): „Mit rasender Geschwindigkeit fliege ich durch einen kristallenen Tunnel. Grelle, leuchtende Farben (gelb, orange, rot, blau, violett) begleiten den

Zwei Halbtraumbilder zu Glas

Flug und verschmelzen ineinander. Am fernen Tunnelende wartet allschwarzer Raum." (Dieses Bild ist farbig)

Glas, Bild 4:

„Ich gehe spazieren. Vor mir wachsen plötzlich nacheinander scheinbar parallel laufende Wände (Materialbestand: nicht definierbar) aus dem Boden. Jeweils zwei Flügeltüren (Eisen) versperren mir den Weg. Mein Ausgangspunkt ist auf dem Bild mit ‚ich' beschrieben. Bin ich an den ersten Flügeltüren angelangt, öffnen sie sich in der letzten Sekunde. Ich kann weitergehen, bis ich auf die nächsten Flügeltüren treffe. Die öffnen sich wieder in der letzten Sekunde. Dieses geheimnisvolle Spiel dauert an. Ich treffe nie auf die allerletzte Flügeltür. Ich sehe nur immer eine schemenhafte Gestalt, die mir nicht näher zu kommen scheint, auch wenn ich durch immer mehr Flügeltüren gehe. Sie bleibt immer im gleichen Abstand zu meinem Standort. Bei der Gestalt handelt es sich auf keinen Fall um meine MUTTER."

Glas, Bild 5:

„In der Riesenscholle Erde eine Wasserpfütze. Darin fahre ich in einem Boot ziellos dem Ufer zu, das nirgends zu finden ist. Über mir hoch in der Luft kreist siegessicher der schwarze Raubvogel und verlängert die Qual."

Dieses Bild erinnert sehr an die zweite Szene zum hellen Holz. Es scheint so als würde beide Male eine innere Verfassung des Betrachters hervordrängen, für die das Material lediglich der einigermaßen beliebige Auslöser ist. Anders ist es mit den ersten beiden Bildern zu Glas. Sie sind – zumindest für mich – stimmig, ähnlich wie bei Nalimovs Versuchen die Verbindung des Begriffs Freiheit mit dem Flugerlebnis, bei Silberer die Verbindung des Begriffs Intersubjektivität mit der durchsichtigen Sphäre, die die Köpfe einschließt, stimmt, wobei stimmen auch wieder in Anklang ans Musikalische gemeint ist. Beweisen läßt sich da erst einmal schlecht etwas. Es ist eher das gemeint, was Silberer als Erlebnis des Fühlens der Verwandtschaft oder als organische Beziehung von Bedeutung und Symbol, als vitale Verbindung des Bildes zu dem, was es bedeuten soll, schon ansprach.

Das zweite von Herbert beschriebene Bild zu farblosem Glas erinnert stark an eine der Tübinger Beschreibungen zur schwarzen Glaskugel, wo sich am Strand des dunklen Meeres hinter dem Kreuzgang ein idyllisches Tal auftut.

Es wäre ein Nalimov zu suchen, der mit einigen hundert Versuchspersonen, eine Gruppe von Malern eingeschlossen, solche Übereinstimmungen weiterverfolgte, bis sie sich als Zufälle oder Regelmäßigkeiten herauskristallisierten. Was ist das für ein Glaswasser, das bei beiden Bildern einmal an die Freudsche Geburtswassersymbolik erinnert, dann an das Jungsche Gleichnis vom Wasser für das uferlos lebendige Unbewußte überhaupt, und was hätte es mit dem Letzteren auf sich, wenn dort nicht nur Meeresungeheuer und schwarze Schächte lauerten, sondern auch ferne Ansichten von hellen Paradiesgärten zu gewinnen wären? Wie macht man aus den fernen Ansichten und dunklen Ahnungen etwas für den Tag?

Zurück noch einmal zum Wassersymbol:

Im Märchen vom Löweneckerchen muß die Kaufmannstochter mit dem Königssohn auf dem Rücken des Vogel Greif über das große Wasser fliegen, das für den Vogel Greif aber zu weit ist. Da wirft das Mädchen eine kostbare Nuß ins Wasser, die ihm geschenkt worden ist. Aus ihr wächst ein Baum, auf dem sich, wie versprochen, Königssohn, Mädchen und Vogel Greif ausruhen können. Die Nuß sieht aus wie eine Walnuß, deren Kern wiederum einem Gehirn ähnlich sieht. In „Winnie-The-Pooh", einer englischen Kindergeschichte, durchquert Puh, der Bär, auf einem umgedrehten Regenschirm die über seinen Wald hereingebrochene Sintflut, um Piglet, das ängstliche Ferkel zu retten, das vom Wasser eingeschlossen ist, wirklichem Wasser, sofern man der Geschichte glaubt, daß sie kein Märchen ist. Das improvisierte Schirmschiff ist auf den Namen „Brain of Pooh" getauft. Brain bedeutet gleichzeitig Gehirn und Verstand, wie man ihn eben braucht, um in unkontrollierten Bilder- oder Wasserfluten oben zu bleiben.

Da mag es – auf den speziellen Stoff Glas bezogen – ganz gut sein, das Wäßrige an ihm auch mit wachem, nach außen gewendeten Auge zu entdecken, oder sich zu erinnern, daß ganz alte

Gläser sich trüben können, sozusagen von innen heraus beschlagen, nach Jahrhunderten oder einem Jahrtausend ein paar kleine Schritte zum Gleichgewicht der Kristallordnung hin machen, von dem sie weit entfernt sind. So ist das Glas zugleich hart und fest und bewahrt doch in seiner Mikrostruktur für lange Zeit die Anarchie der Flüssigkeit. Das Glas hat in seiner stofflichen Struktur etwas Zwitterhaftes.

Auf den allgemeinen ideellen Stoff des Zusammenhangs von Bild-Erleben und konkretem Material bezogen, bedeutet ein Obenbleiben in der Flut das Anstreben einer gewissen Systematik in der Auswahl der Objekte, der Beurteilung der Bilder und der Klarheit der mit der Methode angestrebten Ziele. Erziehung zur Müdigkeit – an welchen Gegenständen, mit welchen Mitteln, zu welchem Zweck betreibt man das?

Anhand der Bildbeispiele zu den Objekten ist deutlich geworden, daß Form, Farbe und Größe eine erhebliche Rolle spielen gegenüber dem, was die stoffliche Substanz des Objekts ausmacht. Mit dem Kunstgriff, einen funktionslosen Gegenstand zu formen, kommt man nur wenig weiter. Jede Form in Verbindung mit einem Material erinnert an etwas, das eine Funktion hat. Die konische Form in Zusammenhang mit dem Werkstoff Messing bewirkte so eine die positiven Erlebnisse mit dem Stoff überlagernde Assoziation an Projektile, die gleichgeformte Objekte aus anderen Materialien nicht hervorriefen. Messing in Form einer Türklinke, einer Schraube, eines Schubladenknopfes oder eines Kompaßgehäuses würde anders erlebt. Das heißt, es wird an dem Problem zu arbeiten sein, von verschiedenen individuellen Gegenständen gleichen Materials her zu Bildern von einem allgemeinen, gleichwohl konkreten Stoff zu kommen. Beim Beurteilen des Kunststoffs Trovidur ergab sich, daß das rote Pigment als unbedingt den Stoff mit bildend empfunden wurde, als ließe sich die Empfindung gar nicht trennen in den Stoff einerseits und seine Farbe andererseits.

Das könnte heißen, man muß einige Stoffe einmal in der ihnen eigenen Farbe, dem ihnen eigenen durchsichtigen, durchscheinenden oder opaken Zustand untersuchen, dann in verschiedenen Färbungen, um an das bleibend Stoffliche heranzukommen: Auch ein gefärbtes Glas hat etwas Gläsernes, ein mit einer Lackschicht zugedecktes Blech etwas Blechernes.

Weiter gälte es in der Untersuchung der Bilder zu unterscheiden zwischen Komponenten, die vom Stoff herrühren und solchen, die aus der Person heraus, die sich mit dem Stoff beschäftigt, auf den Stoff übertragen werden. Das Problem läßt sich gut illustrieren anhand einer therapeutischen Methode der Bilderhebung, die von H.C. Leuner unter der Bezeichnung Kathatymes (affektbedingtes) Bild-Erleben entwickelt wurde und auch unter dem Namen Symboldrama oder – im Englischen – als Guided Affective Imagery bekannt ist.

Dabei bekommen die Patienten – einige von ihnen nennen das Verfahren lieber: „Ins Kino gehen" – Motive, die sie im entspannten Zustand und bei geschlossenen Augen im Tagtraumerlebnis ausgestalten sollen. Erstes Motiv ist eine Wiese, der ein bestimmter Symbolgehalt zugeschrieben wird:

„Im Grunde erwarten wir beim sogenannten idealen und gesunden Menschen natürlich eine freundliche, eher liebliche Sommersonnenwiese, die ihre Fruchtbarkeit durch üppiges Gras, ihre Freundlichkeit durch Blumen und die gesamte Atmosphäre durch eine angenehme Gesamtumgebung darstellt. Unter diesem Vorzeichen könnte das Wiesenmotiv in erster Linie symbolisch oder allegorisch in Beziehung zum Paradies, zum Garten Eden gesetzt werden, ins Menschliche gewendet als Ausdruck einer friedfertigen, ausgleichenden, relativ konflikt- und rivalitätsfreien, einladenden und Fruchtbarkeit darstellenden mütterlichen Welt. Diese kann noch akzentuiert sein dadurch, daß Kühe auf ihr weiden."

Dieser Symbolgehalt spiegelt etwas wieder, was von der Wiese ausgeht, ihr sozusagen objektiv zukommt, oder ihr doch wenigstens intersubjektiv zuschreibbar ist. Versuchspersonen, die nicht zu den „sogenannten idealen und gesunden Menschen" gehören, sich in einer längerdauernden oder momentanen Krise befinden, verstimmt oder gar neurotisch gestört sind, werden die Wiese auch anders sehen: Sie ist für eine Patientin naß und morastig, die Versuchsperson kommt nicht vom Fleck, dann ist da auch noch ein unüberwindlicher Zaun. In einem anderen Fall stellt sich durch die berichtende Person die Wiese als gar zu süßlich und spielzeugartig da, bekommt den Charakter einer kindlich-narzistischen Ersatzwelt.

So enthält die Bilderfolge zu den Leunerschen Motiven immer mindestens zweierlei: die Sache selbst und die Geschichte und momentane Situation der Person, die die Bilder entwickelt.

Die bisher gebrachten Beispiele zu konkret-stofflichen Materialien lassen erwarten, daß es dort nicht anders zugeht, es eher schwieriger erscheint, in den Bildern den auf den Stoff selbst bezogenen Symbolgehalt zu erkennen. Dazu wird es größerer experimenteller Arbeit mit zahlreichen Personen bedürfen. Es kommt nun aber, um zu den angestrebten Zielen der Methode zu kommen, bei der Unterscheidung objekthafter und persönlicher Komponenten gerade nicht darauf an, die letzteren als Störfaktoren zu betrachten. Im Gegenteil, es geht ja um die Erlebnisfähigkeit im Umgang mit materiellen Stoffen, um die konkret sinnliche Erfahrung ebenso wie um die Arbeit der Phantasie. Es ist gerade wichtig, diese auf Stoffe bezogene Erlebnisfähigkeit näher – unter anderem mit den beschriebenen Verfahren der Bilderzeugung – zu untersuchen. Es geht nicht nur um die Frage: wieweit empfinden verschiedene Personen gleiche oder ähnliche Bilder zum selben Stoff, sondern auch um die jeweilige Individualität der Empfindung: Was kann einer alles sehen? Vielleicht können bei der Entwicklung und Bewahrung der Erlebnisfähigkeit die Erwachsenen auch einmal von den Kindern lernen, die Lehrer von den Schülern, die Jungen von den Mädchen, die Macher von den Träumern.

Um auf ein Anfangsmotiv zurückzukommen, den eventuellen Nutzen der Musiklehre für die Naturlehre: In der Eröffnungsveranstaltung einer Lehrervereinstagung zur Förderung naturwissenschaftlichen Unterrichts – die Substantivierungen sind angemessen – spielten Schüler Strawinskis Suite für kleines Orchester. Im Programm stand: „Das ganze Stück, rhythmisch vielgestaltig, ist überaus witzig." Kann Naturerkenntnis musikalisch betrieben werden, witzig oder doch wenigstens heiter, in verschiedenen Rhythmen, ekstatisch und empfindsam, schwungvoll und dann wieder in nachdenklicher Muße, auch einmal zeitverschwenderisch und unbekümmert um den Nutzen wie eine Kindergeschichte, leibhaftig berührend und wieder verträumt? Wo der Traum der Menschen von den Dingen auch ein Traum der Dinge von den Menschen ist, wo in der jeweils fremden Spur die eigene entdeckt wird?

Es ist vom Träumen gegen die Müdigkeit die Rede. Erziehung zur Müdigkeit soll durch das Unbewußte hindurchführen, aber eben auch wieder heraus.

LITERATUR

ADORNO, Th.W.: Erziehung zur Mündigkeit. Frankfurt: Suhrkamp, 1970.

BLOCH, E.: Spuren. Frankfurt: Suhrkamp, 1979:, S. 161.

CHUANG CHOU: Der Schmetterlingstraum ist nacherzählt nach den Übersetzungen von Richard Wilhelm (Dschuang Dsi, Düsseldorf-Köln: Diederichs, 1982, S. 52.) und Tsung-Tung Chang: Metaphysik, Erkenntnis und praktische Philosophie im Chuang-Tzu – Zur Neuinterpretation und systematischen Darstellung der klassischen chinesischen Philosophie. Frankfurt: Klostermann, 1982, S. 143–148.

FREUD, S.: Die Traumdeutung. Frankfurt/M.: Fischer, 1972, Studienausgabe Bd. 2, S. 581.

FUNG, Y.L.: A Comparative Study of Life Ideals – The Way of Decrease and Increase with Interpretations and Illustrations from the Philosophies of the East and the West. New York: Columbia University, phil. Diss. 1925. Shanghai: The Commercial Press, 1924.

GÄNGLER, H.: Colloquium: „Gestalt – Widerspiegelung : Symbol" - Zusammenfassung und Diskussion der Texte.Tübingen: Institut für Erziehungswissenschaft I, 1983, polyscript.

KÜKELHAUS, H., z. LIPPE, R.: Entfaltung der Sinne. Frankfurt/M.: Fischer, 1982, S. 118 ff.

LEFÈBVRE, H.: Kritik des Alltagslebens. München: Hanser, 1976^2:, S. 139.

LEUNER, H.C.: Katathymes Bilderleben – Grundstufe. Stuttgart, New York: Thieme, 1981, S. 47 ff.

LIPPITZ, W., PLAUM, J.: Tasten, Gestalten, Genießen. Königstein/Ts.: Scriptor, 1981.

McDONALD, G.: Lilith. Stuttgart: Klett-Cotta, 1983, S. 215.

MILNE, A.A.: Winnie-the Pooh. London: Methuen Children's Books, 1980.

MINSSEN, M.: Begreifen zwischen Schlafen und Wachen – Silberers Versuche zur Symbolbildung. Neue Sammlung 1983, 23, 499–512.

Ders.: Schmetterlingstraum und Handwerk – Verhältnisse mit dem Stoff. Scheidewege 1983/84, 13, 307–326.

NALIMOV, V.V.: Realms of the Unconscious: The Enchanted Frontier. Philadelphia: isi Press, 1982.

PIAGET, J.: Nachahmung, Spiel und Traum. Stuttgart: Klett, 1969, S. 247.

SCHNEIDER-HAHN, J.: Wohnpsychologie. Wohne im eigenen Heim. BHW. 1984, S. 26–28.

SILBERER, H.: Bericht über eine Methode, gewisse symbolische Halluzinationserscheinungen hervorzurufen und zu beobachten. Jahrbuch für psychoanalytische und psychopathologische Forschungen, 1909, 1, S. 513–525.

Ders.: Zur Symbolbildung. Jahrbuch für psychoanalytische und psychopathologische Forschungen, 1912, 4, S. 607–683.

WIEDEMANN, H.: Beiträge zu einer Klavierdidaktik für Erwachsene anhand neuer Erkenntnisse der Gehirnforschung. Dissertation. Universität Oldenburg. 1983, S. 49 ff.

6. Kapitel

Stoff als Landschaft und Haus

„Ein Gefühl ist vor allem eine Landschaft."
Fernando Pessoa*

Stoff, zu dem man Beziehungen haben kann, ist am ehesten – im Sinne von Vielfalt der Beziehungsmöglichkeiten – Stoff als Landschaft. In diesem Sinn wird hier die mehrdeutige, jedenfalls nicht umkehrbare Aussage des portugiesischen Dichters Fernando Pessoa als Motto genommen. Ausgeschöpft ist sie damit nicht, aber das soll auch nicht die Aufgabe sein. Stoff als Landschaft ist das Gegenstück zum Stoff als einer molekulareinheitlichen Chemikalie. Landschaft ist in vieler Hinsicht viel, während die jeweilige im Forschungs- oder Schullabor gebrauchte Stoffportion in vieler Hinsicht wenig ist. Schon ganz äußerlich, von der Masse her. Ein paar Gramm, Milligramm, Mikrogramm werden für die Laborreaktion benötigt, ein Häufchen, eine Spatelspitze, ein paar Körnchen. In der Technologie ist es schon anders. Koks und Schlacke formen Halden und Hügel, aber Koks und Schlacke sind auch keine Chemikalien im üblichen Sinn. Landschaften in Massen auszudrücken ist nicht üblich und wäre wenig erhellend. Die Münsterländer Bucht oder die Mohave-Wüste werden nicht durch eine Anzahl von Tonnen Siliciumdioxid oder Silikat charakterisiert oder durch die Anzahl von Kubikkilometern Stickstoff, die darüber lagern. Landschaften sind im Gegensatz zu Reinstoffen nicht homogen. Sie lassen sich, wenn man in Laborkategorien denken will, eher als Urbilder von Gemengen behandeln, Gemengen jedoch, die geschichtlich gewachsen und wohlstrukturiert sind. Das trifft noch auf Extremlandschaften zu, Wüsten aus Sand, Wasser oder Eis.

*Alle Literaturstellen sind am Schluß des Kapitels angegeben Eine erste Fassung ist im Jahrbuch 84/85 der „Scheidewege" erschienen.

War ein Männchen, war nicht weis',
baut sein Häuschen auf dem Eis,
sprach: „0 Herr, laß' allzeit frieren,
müßt' ja sonst mein Haus verlieren,
doch das Häuschen, das versank,
und das Männchen, das ertrank."

Alexander Kluge läßt diesen Reim, der für unsichere Verhältnisse stehen soll, in seinem Film „Die Patriotin" vorkommen. Der Reim kann als Symbol genommen werden für Wohnen auf unsicheren Landschaften, die einem Zersetzungsprozeß, einer Aushöhlung, einem Abschmelzen im weiteren Sinne unterworfen sind. Man kann an Schwefeldioxid in der Luft, halogenierte Kohlenwasserstoffe, Tenside, Paraffine und Schwermetallsalze im Boden und im Wasser denken und an die an allen Küsten Dänemarks und Italiens auffindbaren Plastikreste. Man kann an Zersiedelungen und Verkehrstrassierungen denken, an die im Laufe des Fortschritts gering gewordene Zahl von Arbeitsplätzen draußen in der Landschaft. „Einer ackert für fünfzig", rühmen sich die Landwirte. Was bedeutet da „Wirt" genau? Man kann auch auf Deregionalisierungen achten: in allen Dorfläden Äpfel aus Übersee und an den Imbißbuden Hamburger und auf den Dächern Eternit, das, wie der Name sagt, dort ewig bleiben soll. Da können sich die Schieferplatten auf den Dächern im Siegerland, die tönernen Biberschwanzziegel im Süden und die Reetbunde auf Häusern im Norden immer weniger halten. Wenn es aber überall zunehmend gleich aussieht, kann man sich überall gleich gut oder gleich schlecht zu Hause fühlen. So schmelzen Landschaften nicht nur hinsichtlich ihrer physischen Strukturen, sondern damit gleichzeitig hinsichtlich der psychischen Beziehungsmöglichkeiten zu ihnen.

Aber es wird zu unübersichtlich. Welche Landschaften sind überhaupt gemeint: Dorflandschaften, Stadtlandschaften, Sonntagslandschaften, Ausflugslandschaften, Landschaften als arbeitsfreier Raum oder als genutzte Flächen und Tiefen, forst- und landwirtschaftlich genutzt oder zur Gewinnung von Mineralien, von Ton, Sand, Kalk, Kohle oder von Öl? Wie verhält man sich zum Stoff, solange aus ihm Landschaft besteht und wie, wenn er aus der Landschaft herausgenommen worden ist, hinein ins Laboratorium der Universität oder der Schule, zum Beispiel. Eine Hinwendung zu Eislandschaften, wo es scheinbar nichts zu holen gibt, würde zunächst einmal eine Vereinfachung der Frage bedeuten, als hätten wir es nur mit einem Stoff zu tun. Den Eislandschaften wird „Wasser unter Null" als Chemikalie gegenübergestellt. Nach einem Umweg durch eine Moorlandschaft kommen wir später zu Versuchen mit künstlich geschaffenen Miniaturlandschaften und dann zum zweiten Thema: Stoff als Haus, als Substanz vermeintlich dauerhafter Wände.

„War ein Männchen, war nicht weis' ..." 1897 versuchen die Ingenieure Salomon August Andrée und Knut Fraenkel sowie der Physiker und Photograph Nils Strindberg mit dem Ballon „Adler" von Spitzbergen aus den Nordpol zu erreichen.* Strindberg hat zwei Jahre vor Beginn der Expedition auf einer Ausstellung von Liebhaberphotographien in Stockholms Industriepalast den ersten Preis bekommen. Er ist mit August Strindberg, dem Schriftsteller, verwandt.

Die obere Hülle des Ballons ist aus dreifacher chinesischer Seide „erster Güte" hergestellt, sie ist mehrmals mit Kautschuk gefirnißt und von einem Netz aus italienischem Hanf umgeben, das mit säurefreier Vaseline getränkt ist, um das Ansaugen von Feuchtigkeit zu verhindern. Die Gondel ist aus Weidenruten und spanischem Rohr geflochten. Die oberen Teile der Schleppseile bestehen aus Hanf, die unteren aus Kokosfasern. Die Seile sollen über Wasser und Eis schleifen, den Ballon gegenüber dem Wind verlangsamen und damit steuerbar machen. Der Ballon hat ein Segel, um die Wirkung der Schleppseile zu verstärken. Er wird mit Wasserstoff gefüllt, der durch die Einwirkung von Schwefelsäure (konzentrierte Säure, mit Seewasser verdünnt) auf Eisendrehspäne bereitet wird. Das Gas wird gewaschen, gereinigt und getrocknet, es enthält danach keine freie Säure und keinen

*Diese Expedition habe ich schon Im ersten Kapitel kurz erwähnt. Im folgenden sollen Andrée und Strindberg über ihre Tagebücher zu Wort kommen.

Schwefelwasserstoff mehr. Die Expedition hat eine Reihe von Instrumenten und Geräten mit: Positionsbojen, Sextanten, einen Wolkenspiegel, Barometer, Psychrometer zur Messung der Luftfeuchtigkeit, Anemometer zur Messung des Windes, Maxima- und Minimathermometer zur Bestimmung der jeweils höchsten und tiefsten Temperatur eines Tages, genaue Chronometer, ein Operationsbesteck, drei Schlitten, kanadische Schneeschuhe, ein Faltboot, Ferngläser und Gewehre, ein Zelt, einen Schlafsack für drei, und was man sonst noch braucht. Strindberg hat Briefe seiner Verlobten, Anna Charlier, mitgenommen. Die Verlobung ist geschlossen worden, nachdem sich Strindberg zur Teilnahme an der Expedition entschlossen hat und soll das Vertrauen auf gutes Gelingen unterstreichen.

Die drei Forscher fliegen am 11. Juli 1897 los. Es weht endlich der notwendige südliche Wind. Nachdem die Verwirrung des Starts, bei dem sich Teile der Schleppseile aus der Sicherheitsverschraubung unprogrammäßig herausgedreht haben und verloren gegangen sind, vorbei ist, beginnt Andrée seine Beobachtungen zu notieren. Unter ihm schwimmt Eis, nach allen Richtungen weit verteilt, auf dem Wasser. Das Eis scheint frei von Schnee zu sein. Vielleicht steht Wasser darauf. Für Andrée sind das zwei als verschieden aufzulistende Stoffe, während für solche Chemiker, die lieber in Einzelmolekülen denken, hier nur ein Stoff in zwei Aggregatzuständen existiert, die normalerweise auch nicht gleichzeitig vorzuliegen haben.

Entweder ist die Temperatur etwas über 0 °C, dann wäre in einem Schmelzröhrchen alles flüssig, oder die Temperatur wäre etwas unter 0 °C, und dann wäre im Schmelzröhrchen noch alles fest, vorausgesetzt, man hätte mit dem Erwärmen von festem Eis angefangen. Geht man aber vom flüssigen Wasser aus und kühlt im Schmelzröhrchen ab auf ein paar Grade unter Null, so ist gar nicht gesagt, daß sich Eis bildet. „Wasser unter Null" heißt ein Extraband in einer Publikationsreihe über Wasser, herausgegeben von Felix Franks von der Universität Cambridge. Meist ist damit unterkühltes flüssiges Wasser gemeint. Auch Andrée ist bei einer früheren Expedition mit unterkühltem Wasser befaßt gewesen. Er hat sich durch besonders sauberes Arbei-

Unmittelbar vor dem Start

ten auf einer schwedischen Station auf Spitzbergen ausgezeichnet. Das war 1882 bei Kap Thordsen am Isfjord. Es wird berichtet, daß er durch Ausdauer und Erfindungsgabe Wasserproben herstellen konnte, die im Kollektor –30 °C kalt waren und immer noch flüssig. Das ist eine unglaubliche, ja fast unglaubhafte Leistung. Die wissenschaftliche Geschichtsschreibung zum unterkühlten Wasser beginnt vermutlich mit Kaemtz' Dampfdruckmessungen aus dem Jahre 1820 bis hinunter zu –19 °C. Regnault gelang es in den Jahren 1844–1847 in seinem berühmten Pariser Laboratorium, Wasser noch bis –32,8 °C flüssig zu halten. Dieses Ergebnis konnte ungefähr ein Jahrhundert lang nicht wieder erreicht, geschweige denn unterboten werden. Verglichen mit anderen Flüssigkeiten zeigt Wasser eine geringere Unterkühlbarkeit, ein geringes Auseinanderrücken von Schmelztemperatur und Gefriertemperatur, als würde es schnell aus dem amorphen Zustand heraus und in den kristallinen hinein getrieben.

Die tiefen Temperaturen des flüssigen Wassers, die Andrée erreicht, können nicht mit der Herabsetzung der Schmelztemperatur durch das Meersalz erklärt werden, denn die beträgt in der

Die letzten Aufnahmen des „Adler" durch die Zurückgebliebenen

Arktis nur etwas über 1,5 °C, wobei der Salzgehalt durch die Einströmungen der sibirischen Flüsse auch unter den für den Atlantischen Ozean durchschnittlichen etwa 3,5 % liegt. Die Raoultsche Formel zur Gefriertemperaturerniedrigung steht in den meisten Chemielehrbüchern für obere Schulstufen und man kann sich die Effekte für verschiedene Salzkonzentrationen leicht ausrechnen. Jedenfalls hat man hier schon den dritten Stoff, das Salz, und richtiger ist es eine ganze Klasse von Stoffen, denn das Salz im Meer ist ja nicht nur Natriumchlorid. Das Meer enthält von Natur aus eine ganze Reihe von Salzen der Alkali- und Erdalkalimetalle und im Zuge der Industrialisierung sind Schwermetallsalze, die verschieden giftig sind, dazu gekommen.

Nimmt man noch die in der Schwebe befindlichen Feststoffe dazu, kann das Meerwasser unter anderem als komplexes Gemenge gesehen werden. Der Chemieunterricht hat in seiner Historie ein Verdrängungsverhältnis gegenüber Gemengen entwickelt. In der allerersten Unterrichtsstunde wird häufig und zum allerletzten Mal Schwefelpulver mit Eisenfeilspänen vermischt. Die Späne werden mit einem Magneten wieder herausgezogen. Das ist dann nicht Chemie. Dann wird der Schwefel mit dem Eisen zur Reaktion gebracht, wobei man unbewußt scharfsinnig einen Schwefelüberschuß nimmt, damit nachher kein Eisenspan übrigbleibt. Die Luft riecht deutlich nach Schwefeldioxid vom zuviel angesetzten Schwefel, aber in der Reaktionsgleichung kommt das nicht vor. Da werden Fe und S zu FeS, möglichst noch mit Plus- und Gleichheitszeichen, als könne man Äpfel und Birnen zu Kürbissen addieren. Darauf wird erklärt: Die Chemie beschäftigt sich nicht mit Gemengen, sondern mit Elementen und Verbindungen. Manchmal wird das auch – ohne jeden Versuch – von vornherein betont und durchgehalten. Zwar wird der Hochofenprozeß auf die Reduktion von Erzen durch Koks zurückgeführt, aber in den Gleichungen steht nichts für den Koks in Halden und Stücken, sondern der Buchstabe C für scheinbar einatomigen, also gasförmigen, elementaren Kohlenstoff, womit sowohl die makroskopische Struktur wie die Beimengungen – zum Beispiel etwa ein Prozent Schwefel – aus dem Bewußtsein fallen. Mit dieser Verdrängung wird eine Denksystematik gefestigt, die schlechtes Umwelt- oder auch Weltbewußtsein als Konsequenz hat, indem sie weder Sinn für Ganzes noch für Kleinigkeiten entwickelt. In einem Giftbecher ist aber die zugefügte Kleinigkeit, liegt sie auch unter einem Promille, das Wesentliche. Insofern reicht selbst der Gemengebegriff nicht hin, denn auch er ordnet Nebensachen Hauptsachen unter. Salzwasser, Brackwasser und Süßwasser lassen sich als Gemengereihe darstellen, aber dann ist es eine blasse und geschmacklose Darstellung. Der festliche Wein darf nicht synthetisch sein, aber das alltägliche Trinkwasser ist in der Regel ein Erzeugtes. Was ist zuviel, was fehlt, was liegt daneben?

Jedenfalls, beim Wasser im Laborgefäß ist die Unterkühlung, um dahin zurückzukommen, auf – 30 °C und darunter, nicht auf die im Wasser enthaltenen Stoffe zurückzuführen, sondern auf eine nicht stattfindende Wechselwirkung des Wassers mit der Wand des umgebenden Gefäßes. Das ist normalerweise das, was man von einem guten Gefäß verlangt, daß es neutral ist gegenüber seinem Inhalt. Im Falle des Unterkühlens von Wasser, des Auseinanderrückens von Schmelztemperatur und Gefriertemperatur, besteht diese Neutralität in einem Effekt auf den Inhalt. „Es ist recht klar geworden", schreibt der amerikanische Wasserforscher Angell vielleicht etwas zu pointiert, „daß die Kristallisation von Eis, die normalerweise beobachtet wird, keine Eigenschaft des Wassers selbst ist, sondern eher eine Funktion der Beschaffenheit der festen Oberflächen, partikelartiger oder anderer, mit denen Wasser in Berührung steht." Für die Verwendung eines Gefäßes heißt das: je glatter dessen Oberfläche ist, desto unwahrscheinlicher ist es, daß das kalte Wasser dort an irgendeiner Stelle ein gutes Vorbild – einen Keim – seiner eigenen Eisstruktur findet. Das Wasser läßt sich im glatten, peinlich sauberen Gefäß tiefer unterkühlen. Weiter: je größer das Gefäß ist, desto größer die Wahrscheinlichkeit, daß sich irgendwo doch ein, wenn auch undeutliches, Vorbild zur Ausbildung der richtigen kristallinen Struktur des Inhalts bietet. Das heißt, in größeren Gefäßen läßt sich Wasser schlechter unterkühlen als in kleinen. Alle diese Vorgänge rechnen zur heterogenen Keimbildung: Der Keim zur Kristallisation des Wassers kommt von außen.

Wiley berichtet für Gefäße von Reagenzglasausmaßen -30 ± 1 °C als tiefste erreichbare Gefriertemperatur. Obgleich er an der Probe nichts veränderte, ereignete sich die Kristallisation 24 Stunden später schon bei -21 °C, noch einmal 24 Stunden später schon bei -13 °C. Die Kristallisation beginnt immer an derselben Stelle des Glases. Diese Beobachtung ist auch von anderen gemacht worden. Weiter unterkühlen läßt sich beim Verzicht auf fremde Grenzflächen, beim Verwenden frei schwebender Tröpfchen, wenn also Wasser sich sein eigenes Gefäß bildet. Auch die homogene Keimbildung erfolgt in größeren Tropfen bei höherer Temperatur als in ganz kleinen: es gibt in einem großen Volumen mehr Möglichkeiten, daß sich durch Molekülfluktuation an irgendeiner Stelle ein solcher Keim bildet, der der fertigen Kristallstruktur nahekommt. Macht man Nebelkammerversuche mit Tröpfchen, liegt die Temperatur der homogenen Keimbildung unter -40 °C. In natürlichen Wolken wurden noch Tröpfchen flüssigen Wassers bei -35 °C gefunden.

Andrée, der mit seinen Gefährten in den Wolken schwebt, schaut durch die Tröpfchen hindurch. Über sich hat er den Wasserstoff in der Seidenhülle, um sich herum die Gase der Luft. Es gibt in dieser Eiswüste mehr Stoffe, als es zunächst den Anschein hat. Andrée beobachtet weiterhin das Eis, sein Gesichtsfeld konzentriert sich nicht auf eine kleine Probe, sondern umfaßt den Horizont. Am zweiten Tag ist der Horizont dunstig, der Schnee ist schmutzig hellgelb. Das Fell des Eisbären ist von gleicher Farbe, sagt Andrée. Gelber und weißer Schnee sind für ihn zwei verschiedene Dinge. Das Eis wird dichter, nur noch von einzelnen Wasserrinnen geteilt, dann sehen die Ballonfahrer grobes, gepreßtes Packeis. „Wann es mir wohl jemand nachtun wird", schreibt Andrée in sein Tagebuch, streicht dann das „mir" durch und ersetzt es durch „uns". Und weiter: „Wir finden, daß wir getrost sterben können, nachdem wir das geleistet haben." Es ist die – helle – Nacht des zweiten Tages und der Pol ist noch weit. Es ist neblig, der Ballon trieft vor Nässe und ist nahe ans Eis hinuntergedrückt worden, die Gondel schlägt oft auf. Der Wind schläft ein. Man beschließt, liegenzubleiben und keinen weiteren Ballast abzuwerfen, bevor nicht eine kräftigere Brise zur

Weiterreise aufkommt. „Das Rascheln der Schleppseile im Schnee und das Klappern der Segel sind die einzigen Laute, außer dem Knarren des Korbgeflechts," schreibt Andrée gegen Mitternacht. Ach ja, richtig, wenn die Stoffe sich treffen, machen sie Geräusche, deren Notiz in einem Tagebuch neben den Instrumentenablesungen oder Berechnungen von Luftfeuchtigkeit, Temperatur, Druck, Windgeschwindigkeit und Position Platz hat. Die Beschreibung der Geräusche holt den Leser zu Andrée in den Ballonkorb, zu seiner Müdigkeit, seinem dennoch aufmerksamen Alleinsein, während Strindberg und Fraenkel versuchen zu schlafen.

Dabei ist Andrée kein Anhänger von Literatur. Selma Lagerlöf hatte ihn bei einem Bankett gefragt, ob er ihren „Gösta Berling", der da gefeiert wurde, gelesen habe. Nein, den kannte er nicht, aber Münchhausen, und er setzte mit skandinavisch-höflicher Bestimmtheit hinzu: „Das kommt wohl auf eins hinaus." Über die Verbesserung der Lebensbedingungen durch die Technik schrieb er, über Verkürzung der Arbeitszeit, „Industrie und Frauenfrage" und zum Thema: „Ist eine weitergehende Arbeitszergliederung vom Standpunkt des Arbeiters aus wünschenswert?" Doch hätten zu Gösta Berling und den anderen beherzten Kavalieren auf Ekeby unsere drei Ballonfahrer gut gepaßt.

Es heißt, Andrées Sinn für die Schönheit der Natur sei hoch entwickelt gewesen, auf seinen Ballonfahrten habe er die Pracht der Landschaft zu seinen Füßen genossen. Auf der schon erwähnten ersten Expedition nach Spitzbergen untersuchte er Schneegestöber und schrieb eine Abhandlung darüber. Eine Bibliothekarin will wissen, ob ich Andrées Tagebuch „dienstlich" brauche. „Aber das ist doch keine Wissenschaft", sagt sie. Ebenso denken zwei – in Flamen und Wallonen getrennte – Gruppen belgischer Chemielehrer. Ja, 1897 hätte so vielleicht Wissenschaft ausgesehen. aber heute sei das, ja, wie soll man es ausdrücken, also vielleicht „vulgaire". Wir werden sehen. In einer Lehrfibel aus Minnesota, wo es viel schneit, werden Kinder zu Untersuchungen von Schneeverwehungen angehalten, die sich um Objekte verschiedener Größe und Form bilden (s. Kapitel 2). Ein solcher Lehrstoff ist selten.

Am dritten Tag der Expedition zum Pol wird der Ballon wieder flott. „Das Eis ist eben und schön, es ist wohl kaum eine Elle stark, denn es liegt ganz flach auf," notiert Andrée. Aber meistens findet er gestautes Eis, Wasserrinnen zerreißen häufig die Packeisfläche. Ein Eisbär schwimmt im Wasser, muß den Schleppseilen ausweichen. Der Ballon wird durch sich niederschlagenden vereisenden Nebel immer schwerer. Am vierten Tag erfolgt die Landung.

Man ist noch sieben Breitengrade vom Pol entfernt. Ein Jahr zuvor war Nansen mit der im Eis eingeschlossenen „Fram" schon weiter nach Norden gedriftet. Es wird beschlossen, den Ballon aufzugeben und nach Südosten, nach Franz Josef-Land (heute Lomonossow-Land) aufzubrechen. Dort, auf Kap Flora, befindet sich eines der für die Expedition angelegten Versorgungsdepots. Der Ausgangspunkt der Wanderung liegt mitten im Treibeis, die Eisschollen sind aneinandergepreßt und bilden Wälle, auf dazwischenliegenden glatten Flächen steht jetzt, im Juli, Schmelzwasser. Das Eis ist von kleineren Rissen, tiefen Spalten und breiten Wasserrinnen durchzogen. Nils Strindberg schreibt um Mitternacht vom 24. auf den 25. Juli in ein für Anna bestimmtes Tagebuch: „Zuerst will ich Dir alles Gute wünschen, denn in diesem Augenblick beginnt ja Dein Geburtstag. ... Wir werden schon Schritt für Schritt heimkommen. ... Man hat hier soviel Zeit nachzugrübeln, und es tut wohl, so freundliche Erinnerungen und so frohe Zukunftsaussichten zu haben und sie sich auszumalen. ... Wir haben uns für die Nacht an einem offenen Platz niedergelassen, rundumher Eis, Eis nach allen Seiten. Du kennst Nansens Bilder und weißt, wie dieses Eis aussieht. Türmungen, Wälle und Eisrinnen, die im ewigen Einerlei mit Schmelzwasser abwechseln. Es schneit jetzt gerade ein klein wenig, aber es ist wenigstens windstill und nicht übermäßig kalt (– 0,8 °C). Ihr daheim habt sicherlich schöneres Sommerwetter. [...] Das Zelt ist fertig, und wir müssen schlafen gehen. Wir sind alle drei so müde, aber bei guter Stimmung, unterhalten uns über unsere Tugenden und Laster." Am nächsten Tag regnet es. Schöneres Sommerwetter: „Der Weg, so grau und steinig er auch war, erhielt doch einen Rand von Blumen, gelbe und violette Sommerblumen, Wicken und Löwenzahn," heißt es im Gösta Berling.

Das Eis bewegt sich, es driftet nach Süden mit einer Abweichung nach Westen. Die Drift wird so stark, daß die drei Männer ihren Kurs auf Kap Flora nach einem halben Monat aufgeben müssen. Sie sind in östlicher Richtung marschiert, aber als sie an einem klaren Tag ihren Standort bestimmen können, zeigt sich, daß sie sich südwestlich von ihrem Ausgangspunkt befinden. Sie beschließen nun, die sieben Inseln nördlich von Spitzbergen zu erreichen, wo ein weiteres Vorratsdepot liegt. Die Schlitten mit den Vorräten müssen die Eiswanderer häufig auf das Faltboot laden, um Wasserrinnen zu durchqueren. Bei dünnem Eis muß man aufpassen, daß es nicht ins Boot schneidet. Bei den häufigen Reihen von Stauwällen – Torossen –, die aus hochgetürmten Eisblöcken bestehen, sind die Schlitten kaum voranzubekommen. Ein Block erinnert an eine kleine Pyramide aus Eis und wird als Aussichtshügel benutzt. Das Ziehen durch die Eiswüste ist Mühe und Arbeit, ein Laboratorium in der genauen Übersetzung des Wortes.

Andrée macht Querschnittsskizzen vom Eis. Er beschriftet die einzelnen Schichten auf der Skizze, zum Beispiel: 0,55 m Schnee, darunter 0,4 m weißes Eis, dann folgen 1,3 m blaues Eis, dann eine ganz dünne Schicht Plankton (davon sammelt er Proben, er hat auch ein Planktonnetz aus einem Teppichstück, Ballonseide und einem Sieb hergestellt). Die untere Schicht ist 3,5 m dick und besteht aus grünem Eis. Andrée macht Winkelmessungen an den Verwerfungen. Manchmal enthält das Eis Streifen von Lehm, dann schmeckt das Schmelzwasser nicht mehr so fad. Andrée sammelt Lehmproben. Wenn man die nachher analysiert, wird man vielleicht Aufschluß darüber bekommen, an welchen Landmassen das Eis vorübergetrieben ist. – In Caspar David Friedrichs 1824 vollendetem Bild „Eismeer" (auch: „Die verunglückte Nordpolexpedition", „Die verunglückte Hoffnung") sind die vorderen Eisschollen rostig-lehmfarben überzogen. Woher hatte er das? – Andrée macht auch eine Skizze von den Lehmschichten und erläutert: „Heute begriff ich endlich, wie diese geschichteten Eise mit eingelagerten Lehmschichten ent-

d. 1. Aug. 97.

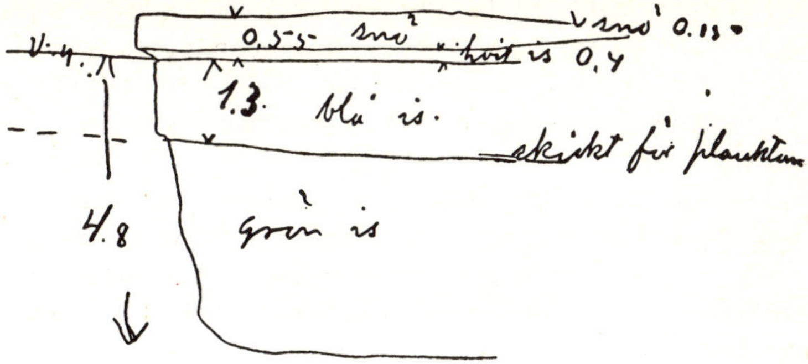

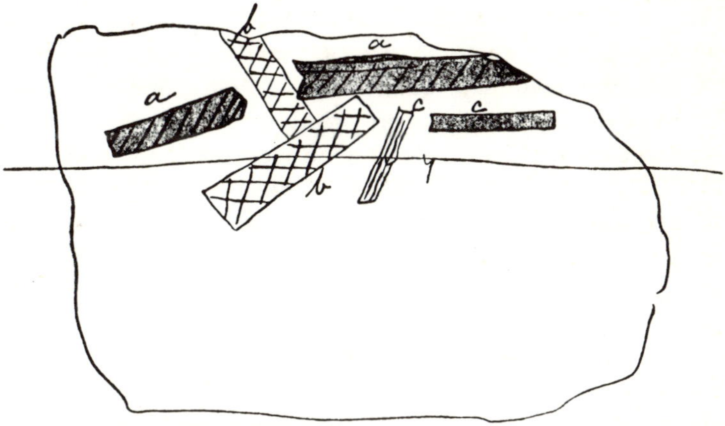

aa = gelbe Scheiben,
bb = blaue Scheiben,
cc = beinahe weiße Scheiben
usw.

Andrée skizziert Farben, Schichten, Einschlüsse und Strukturelemente von Eis

stehen. Es geht so zu, daß der Lehm von dem oberen Rand (a) auf den unteren (b,c) herabtropft. Dort bleibt er auf der Kante liegen und friert fest, dann wird der Zwischenraum mit Eis oder Schnee ausgefüllt. Die Einlagerungen durchsetzen daher nicht die ganzen Blöcke (muß aber noch untersucht werden). Die Ränder d und e, die nicht weit genug hervorragen, fangen keinen Lehm ab und daher bilden sich hier keine Schichten. F. fiel heute ins Wasser und hat Durchfall," – ja, es geht ohne Absatz, Klammern oder Zwischenraum weiter – „S. hat Schmerzen am Fuß und ich habe Durchfall, aber wir haben heute trotzdem eine gute Strecke hinter uns gebracht."

Im Vergleich fällt auf, daß Angell, Franks und die anderen Eis- und Wasserforscher nichts über sich mitteilen, wohl weil das nicht zur Sache gehört, über die sie berichten. Die Sache ist für mich aber nicht mit den zur Publikation gelangenden Resultaten abgetan, sondern zur Sache gehören auch die Arbeits- und Lebensweisen, die vor den Resultaten liegen und zwar im Detail. Viele Leute, die sich durch eine 15 Seiten-Abhandlung über Basenanordnungen zwischen den Strängen der Desoxyribonukleinsäure nie hindurchgequält hätten, haben mühelos 300 Seiten zum Thema gelesen, eben weil darin der Nobelpreisträger Watson auch beschrieb, wie er seine Tage zwischen Cambridge und Oxford verbrachte bis hin zum Schlendern über die Clare Bridge, dem Aufschauen zu den Spitztürmchen der Kapelle von King's College, dem heimlichen Lesen von Neuerscheinungen in Heffer's Bookstore und dem Frühstück im „Whim". Es klingt dort alles schnoddriger und banaler als bei Andrée, aber selbst der feinfühlige Strindberg kann ziemlich derb beschreiben, wie sich die Verrichtung von Bedürfnissen durch die Besatzung des Ballons auf dessen Auftrieb auswirkt. Jedenfalls würde ich mich mit mehr Vergnügen mit der Anwendung von Differenz-Thermoanalyse und Differenz-Kalorimetrie auf Probleme der Eisforschung beschäftigen, wenn ich wüßte, ob es Franks liebt, nach dem Beschicken von Kapillaren leise vor sich hinzupfeifen oder neben dem Auswerten von Abkühlungskurven Pinienkerne in Honig zu naschen. Das ist so wenig überflüssig, wie zu erfahren, daß Watson das englische Essen nicht ausstehen kann. Sein Forschungsaufenthalt, dessen Erfolg, wie er sagt, auf vielen ziellosen Spaziergängen aufgebaut hat, ist verbunden mit einer Lebensweise.

Andrées Expedition lebt durchaus nicht nur von den Vorräten an Rousseaus Fleischpulver und Pemmican, dem polarüblichen

b = Eismatsch, der aussah wie altes Eis. Man

Andrée hält seine Beobachtungen zum Eismatsch fest und illustriert (unten) seine Hypothese zur Bildung von Lehmschichten im Eis

Trockenfleisch, die mitgeführt werden. Im Menü am dritten Tag in der Gondel des fliegenden Ballons folgt nach Strindbergs Aufzeichnungen: Hochepot, dann Châteaubriand, dazu Kronenbier extra, dann Schokolade mit Keks, dazu Himbeersaft. Da man in der Gondel eines wasserstoffgefüllten Ballons besser kein Feuer macht, wird ein Spezialkocher 8 m unter der Gondel aufgehängt und von dort aus angezündet und gelöscht. Mit einem Spiegel läßt sich der Kochvorgang überwachen. Zu den Vorräten, die mühevoll über die Eiswälle und Wasserrinnen transportiert werden, gehören Wein, Rosinenkuchen und eine Flasche Portwein

Antonio de Ferrara, Jahrgang 1834, ein Geschenk des schwedischen Königs. Diese Dinge tauchen nach vier Wochen Plackerei bei einem Festmahl der Expedition zu Ehren der königlichen Thronbesteigung auf.

Auch die Landschaft, Quelle tausendfältiger Mühsal, wird genossen: „Die Rinnen sind jetzt so stark gefroren, daß weder von Übersetzen mit der Fähre*, noch vom Flößen** die Rede sein kann. Heute änderte sich eine Rinne gerade, nachdem wir sie eben überschritten hatten (5 Min. später wären wir nicht mehr hinüber gekommen), und wir sahen eine sehr starke Aufstauung. Die Schollen kamen mit großer Geschwindigkeit heran und krachten nur so um uns her. Das macht einen seltsamen und großartigen Eindruck." Und ähnlich weiter: „Großartige venezianische Landschaft mit Kanälen zwischen hohen Terrassenrändern zu beiden Seiten, Wassermarktplatz mit Eisbrunnen und Stufen zu den Kanälen herab."

Dann ist das Eis wieder Forschungsobjekt. Aus einem braunen, harten Eis sammelt Andrée Pflanzen, Sand und Steinchen. Es gibt junges und altes Eis. Einmal meint er behaupten zu können, daß er zwei Blöcke Gletschereis vor sich hat. Ein Block enthält 7 Schichten Schmutzstreifen, dazwischen weißes Eis. Alle Schichten sind fast gleich stark und gleichlaufend. Andrée numeriert die Funde, die er von verschiedenen Stellen mitnimmt: „Auf der Oberfläche eines sehr großen (weißen) ganz gepreßten Eisblokkes machte ich Fund Nr. 17, dessen sämtliche Teile nahe beieinanderlagen, die leichteren Teile mehr an der Oberfläche, die schwereren tiefer. Nach diesem Fund beobachtete ich, daß das Eis überall fein durchlöchert und voll von Fremdkörpern ist, die es sicher wert wären, allein ihretwegen eine Polarfahrt zu unternehmen. Dazu braucht man Werkzeuge, mit denen man die Löcher leicht vergrößern und die Teilchen herausholen kann. Der Naturforscher wird entdecken, daß das Eis beinahe ebenso inhaltsreich ist, wie die Erdkruste oder das Meer." Das reale arktische Eis ist also etwas anderes als H_2O unter Null. „Die Un-

*mit dem Boot
**auf Eisschollen

Von oben rechts nach unten rechts:
Andrée, Fraenkel, Strindberg gegenüber einem Eisbären ohne Namen. Aufnahme der Andrée-Expedition

tersuchung der Eisgestaltung, der Sprünge, Aufstauungen, Verwerfungen, Pressungen, usw. erinnert unwiderstehlich an die geologischen Erscheinungen in der Erdrinde." Andrée entdeckt, daß manche Eisschollen einen einheitlichen Bau nur vortäuschen: „In Wirklichkeit war der ganze Block aus einzelnen dünnen Platten zusammengepreßt." Die Platten in einer solchen Eisscholle, die Andrée mit fast 6 m Dicke ausmißt, hält er in einer Skizze mit unterschiedlichen Schraffuren als gelbe, blaue und beinahe weiße Scheiben fest.

Andrée beobachtet, wie das von den Schollen ablaufende süße Schmelzwasser beim Zusammentreffen mit dem unter 0 °C kalten Salzwasser dünne Eisschichten auf der Grenzfläche bildet. Er macht auch von späteren Beurteilern als wertvoll eingestufte Beobachtungen über die Entstehung des Eismatsches, der sich im Herbst oft so plötzlich am Rande des Polarmeers ausbreitet: „Dieser Brei ist etwas Schreckliches. Er entsteht dadurch, daß sich dünnes Jungeis Schicht um Schicht übereinanderschiebt, wie Dachziegel oder die Blätter in einem Kartenspiel. Was sich auf diese Weise im Wasser ansammelt, wird zu „Matsch". Was sich an den Rändern der Schollen ansammelt, wird allmählich festes Eis, weil es zusammenfriert und weil Ritzen mit Wasser und Schnee ausgefüllt werden. Vor dem Zusammenfrieren bildet es an der Eiskante eine besonders tückische Bank, durch die man leicht einbricht. ... Eine Eisscholle schien dem Aussehen und der Probe mit dem Bootshaken nach fest zu sein. Als ich hinübersprang, zeigte sich aber, daß sie nur aus hart zusammengebakkenem Eismatsch bestand, der unter meinen Füßen zerbrökkelte. Ich warf mich auf den Rücken und hielt mich auf diese Weise oben, bis mir die anderen zwei Ruder zureichten, mit deren Hilfe ich herauskrabbeln konnte. Ich hatte bisher keine Ahnung davon, daß Eismatsch in so vielen verschiedenen Formen auftreten kann. Er besteht sehr oft aus übereinandergeschobenen Scheiben, und diese haben natürlich einen gewissen Auftrieb und Zusammenhalt, aber nur geringe Tragkraft. Der Eisrand auf dem Bild, das ich auf der vierten Seite von hier entworfen habe, ist offenbar durch Aufwerfen von Eismatsch auf den Schollenrand entstanden. Bei Untersuchung der Scholle, auf der wir heute übernachteten, fand ich die senkrechten Flächen bis hin zum unteren Rand der Kante sozusagen belegt mit Plättchen von Eismatsch (Stärken der Scholle = 1,4/0,8/1,15 m), und oft können wir in festen Eisblöcken noch die Plättchen erkennen, aus denen ihr Gerippe ursprünglich bestand. Das *dünne* Eis spielt also eine größere Rolle bei der Entstehung des schweren Eises, als man bisher angenommen zu haben scheint. Ob dergleichen auch in der Geologie vorkommt? Man zieht unwillkürlich Vergleiche mit dieser oder jener geschichteten Gesteinsart, z.B. mit dem Gneis." Dahls Abhandlung zum Schiefer fällt mir ein.

Bei Angell, einem der schon erwähnten Erforscher unterkühlten Wassers, tauchen keine geologischen Vergleiche auf. Dazu sind die Proben, auf die er sich bezieht, zu weit von jeder landschaftlichen Dimension entfernt. Er berichtet von Dichtemessungen, die in Kapillaren mit einem Durchmesser von $\frac{1}{100}$ mm durchgeführt werden. Die Daten gehen bis −34 °C bei flüssigem Wasser herunter. Unter 4 °C nimmt die Dichte des Wassers mit fallender Temperatur ab. Es ist anomal für einen Stoff, daß die kälteren Schichten auf den wärmeren schwimmen können, so wie das Eis auf dem Wasser schwimmt, anstatt sich auf dem Meeresgrund abzusetzen. Die Dichteabnahme des Wassers in der Kapillare erfolgt dann exponentiell mit abnehmender Temperatur und nimmt unterhalb von −20 °C drastische Ausmaße an, während die Dichte von Eis sich unter 0 °C normal verhält, mit sinkender Temperatur kaum merklich ansteigt. Eis von −50 °C hat eine nur um wenige Promille höhere Dichte als Eis von −1 °C. Extrapoliert man die für unterkühltes Wasser gemessenen Dichtewerte, dann hat das Wasser bei etwa −45 °C ein Zehntel seiner Dichte verloren und damit die Dichte des Eises erreicht, etwa 0,92 Gramm pro Kubikzentimeter.

Angell nimmt an, daß hier auch die Nahordnungen der Moleküle im unterkühlten Wasser denen des Eises gleichen: jeweils ein Wassermolekül ist von vier weiteren in einem großräumigen Tetraeder umgeben. Das Wasser bildet kurz vor der Kristallisation Haufen von Molekülen mit eisähnlichen Arrangements, „Embryo"-Eiskeime. Von einer solchen strukturellen Verwandtschaft zwischen der flüssigen und der festen Phase her erklärt Angell die vergleichsweise starke Neigung des Wassers, unterhalb seiner Schmelztemperatur schnell zu kristallisieren und das, mit anderen Substanzen verglichen, geringe Auseinanderliegen von Schmelztemperatur und homogener Keimbildungstemperatur. Verglichen mit der Vielzahl der referierten Daten aus Untersuchungen mechanischen Verhaltens (Dichte, Ausdehnung, Viskosität, Schallgeschwindigkeit in unterkühltem Wasser und Schallabsorption), thermodynamischen Verhaltens (anomales Ansteigen der bei konstantem Druck gemessenen Wärmekapazität unterkühlten Wassers unterhalb von – 10 °C) und des Molekül- und Atomgruppenverhaltens aus verschiedensten spektroskopischen Messungen, gegenüber dem gesamten Meß-, Ableitungs- und Interpretationsaufwand nimmt sich die Erklärung über Strukturanalogien eher bescheiden, ja fast tautologisch aus: Wasser wandelt sich in Eis, wenn es ihm ähnlich wird.

Felix Franks, der in einem botanischen Institut arbeitet, ist vor allem am Zusammenhang zwischen Abkühlungsgeschwindigkeit und Eiskristallgröße interessiert. Das Ziel ist, so kleine Eiskristalle zu erhalten, daß sie in elektronenmikroskopischen Aufnahmen gefrorener Zellbestandteile nicht das Bild stören, im Idealfall hinsichtlich ihrer Größe unter dem Auflösungsvermögen des Mikroskops liegen. Am besten wäre es, amorphes, also nicht kristallines, glasartiges festes Wasser zu haben. Nach verschiedenen Versuchen und Berechnungen müßte man unterhalb von – 135 °C ein solches Glaswasser erhalten können. Nun kann man zwar Wasser leicht dahin abkühlen, aber eben aufgrund seiner starken Kristallisationsneigung bilden sich schon Kristalle, bevor man zu dieser Temperatur kommt. Selbst mit sehr hohen Abkühlungsgeschwindigkeiten kann man einstweilen die Kristallisation nicht unterlaufen.

Winzige Mengen glasartigen Wassers lassen sich nach Angabe verschiedener Autoren herstellen, wenn man nicht von flüssigem Wasser ausgeht, sondern von Wasserdampf, den man langsam gegen eine geeignete kalte Oberfläche leitet. So beschreiben die Amerikaner Seats und Rice, wie man auf einem Kupferkristall in einer geeigneten Apparatur in einer Stunde einen Glaswasserfilm von nicht mehr als ein paar tausendstel Millimetern erzeugt. Das Verfahren ist nicht zu gebrauchen, um Zellmaterial für elektronenmikroskopische Untersuchungen einzufrieren. Für diesen Zweck hilft man sich, indem man das Wasser durch Zusätze wie Glycerin oder Polyvinylalkohol darin stört, seine eigene Ordnung zu finden und zu kristallisieren. Solche Mischungen lassen sich durch Abkühlung zu Gläsern verfestigen. Mit Hilfe des Elektronenmikroskops kann man ein Bild von dicht gepackten Körnchen gewinnen, deren Durchmesser nur einige millionstel Millimeter beträgt.

Franks betrachtet auch biologische Probleme, die mit der Unterkühlung von Wassermischungen zusammenhängen. Der für das Leben wichtige Temperaturbereich auf diesem Planeten liegt zwischen etwa −40 °C und +40 °C, und Franks findet es bemerkenswert, daß der Schmelzpunkt von Wasser genau im Zentrum dieses Bereichs liege.

Blut gefriert im allgemeinen bei etwa −0,5 °C. Bei im antarktischen Wasser (Temperatur etwa −1,8 °C) vorkommenden Fischarten fand man erheblich niedrigere Gefriertemperaturen des Blutserums. Es wurde entdeckt, daß das Fischblut hohe Konzentrationen eines Glycoproteins enthielt, das die Eisbildung verhindern kann. Bei Fischen der Arktis wurden Antifrostproteine (ohne Zuckeranteil wie bei den antarktischen Fischen) gefunden, die einen etwas geringeren Schutzeffekt haben. In Körperzellen, heißt es, friert Wasser erst bei einer Abkühlung auf −15 °C. Über Regulation des Wasserflusses durch die Zellmembranen und damit verbundene Konzentrationsänderungen läßt sich ein Gefrieren zunächst vermeiden. Im Gegensatz zu manchen Pflanzen sei aber der tierische und menschliche Organismus darauf angelegt, Gefriererscheinungen zu vermeiden, anstatt sie auszuhalten.

Zwei Monate nach dem Niedergehen von Andrées Ballon auf dem Eis sichten die Einwanderer Land, die Insel Vitö, d.h. die weiße, weil eisüberzogene Insel, östlich von Spitzbergen. „Ein Landungsversuch kam nicht in Frage, denn die Insel schien ein einziger Eisblock mit Gletscherbräme* zu sein," schreibt Andrée am 17. September und zwei Tage später: „Die Insel bietet ein entzückendes Bild, wenn der Sonnenschein auf der Bräme und oben auf dem Gletscher liegt und die ganze Insel wie durchsichtig erscheinen läßt. Der Gletscherrand besteht teils aus tief-

*Eisrand

blauem Gletschereis, teils hat er braune Stellen." Da die Insel von einer Eisglocke überzogen und damit unzugänglich erscheint, bauen sich Andrée, Fraenkel und Strindberg eine Hütte auf dem Eis einer großen Scholle.

„War ein Männchen, war nicht weis',
baut sein Häuschen auf dem Eis. ..."

Aber in dieser Situation scheint es erst einmal keine bessere Weisheit zu geben. Sie mauern die Hütte aus Eis und Schnee. Sie haben es darin, sagt Andrée „recht gemütlich". Vier Tage nach dem Einzug birst die Scholle. Das Häuschen versinkt nicht gleich und die Männer ertrinken auch nicht. Im Gegenteil, sie entdekken, daß es auf Vitö eine eisfreie Stelle gibt und ziehen am 5. Oktober 1897 auf festes Land um. Landschaft als Land und Sicherheit?

Im Spätsommer 1930 werden die Überreste der drei Männer und ihres Lagers von einem Robbenfängerschiff aus entdeckt. Es sind noch unangebrochene Vorratskanister da, ein Kocher, die Waffen und wissenschaftlichen Instrumente der Expedition, die Kameras, deren Filme sich später entwickeln lassen, die Tagebücher und Logbücher. Aber über das Leben auf der weißen Insel findet sich fast nichts. Andrée hat ein neues Tagebuch angefangen. Es enthält nur sechs, weitgehend unleserlich gewordene Seiten. Strindbergs Notizkalender ist wortkarg: „Auf festes Land umgezogen" (5. Oktober), „Schneesturm", „Erkundung" (6. Oktober), „Umzug" (7. Oktober). Dann folgt erst einmal nichts. Schließlich am 17. Oktober, macht Strindberg die letzte Aufzeichnung der Expedition: „Nachhause, 7.05 Uhr morgens." Nachhause – was ist das für wie lange?

Landschaft, nicht nur Eislandschaft, bietet kein unangefochtenes Zuhause. Auch Zelte, Iglus, Höhlen, Schalen und Panzer sind kein Schutz auf Dauer. Nicht einmal der Kavaliersflügel auf Gösta Berlings värmländischem Ekeby schützt vor Vergänglichkeit, auch wenn er die Sorglosen unsterblich macht. Das ist ein Grund mehr, die Augenblicke venezianischer Pracht und Leichtigkeit, die Andrée selbst im Treibeis finden konnte, nicht zu verpassen. Dabei geht es den Forschungsreisenden Andrée, Fraenkel und

Aufnahme der Andrée-Expedition: Fraenkels Schlitten mit dem Boot wird zwischen Eisblöcken hindurchgeschleppt. Links Fraenkel, rechts Andrée

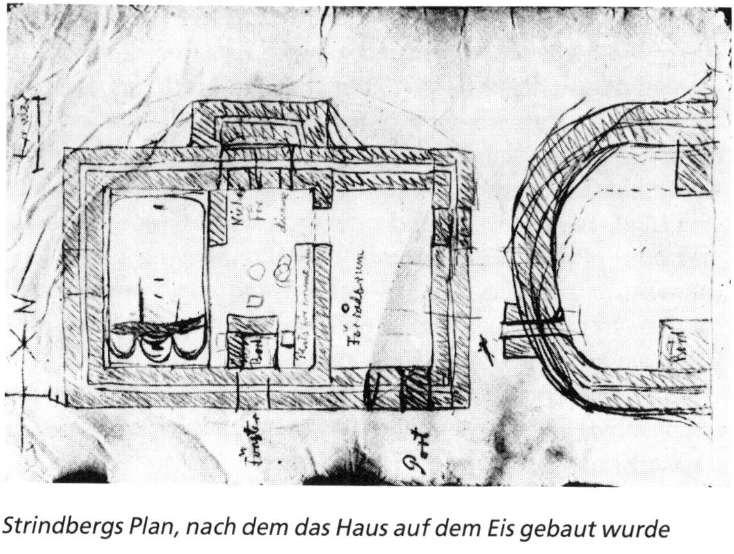

Strindbergs Plan, nach dem das Haus auf dem Eis gebaut wurde

Häuschen auf Eis – Verspielte Version

Strindberg nicht einmal in erster Linie um Landschaft, aber sie kommen nicht daran vorbei.

In die Landschaft um der Erfahrung von Landschaft willen gehen, das dürfen nur Künstler. „Als Fritz Gilow zusammen mit einem ihn begleitenden Freund, der die Funktion des Kameramannes übernehmen sollte, Ostern 1979 aufbrach, um im Moor künstlerisch zu arbeiten, hatte die Reise so etwas wie den Charakter einer Expedition," beginnt der Ausstellungskatalog einer Kunsthalle. Und etwas weiter: „Die Grenze zwischen Wasser und Land, zwischen naß und trocken, zwischen Moorgewässer und getrockneter Torfkante mit Heidekrautbewuchs wird von Gilow nicht mit dem Auge und der Hand allein ausgemacht, sondern mit dem ganzen Körper unmittelbar erfahren. Wie kaum ein anderes Organ ist die nackte Haut geeignet, Empfindungen und Eindrücke aufzunehmen, die unsere Vorstellung unmittelbar beeinflussen und erweitern. Zugleich bildet der nackte Körper als Torso zwischen Wasser und Land eine Form, die einer beweglichen Plastik vergleichbar beide Elemente miteinander verbindet."

Fritz Gilow im Moor

Ein Wissenschaftler müßte sich genieren und würde mindestens einen Kittel zwischen sich und der Natur haben. Der Künstler will hier nicht als Subjekt in Distanz zu einem Objekt untersuchen, sondern betreibt etwas, was er als „Angleichung (eine Bedeutungsebene von ‚Mimesis‘)“ verstanden wissen will: „Mit dem Einbringen des eigenen Körpers als Wahrnehmungsorgan wird die Erforschung der eigenen Vorstellungswelt vom Moor, die individuell und gesellschaftlich vermittelt ist, zur Entdekkungsreise, die nicht wie bei den Kolonialheroen auf dem Prinzip Selbsterhaltung gegen alle natürlichen und gesellschaftlichen Widerstände beruht, sondern auf Selbstveränderung und Erweiterung zielt. Dieser von bestimmten rationalen und entlastenden, d.h. ‚effizienteren‘ Lebenspraktiken unterschiedenen Haltung entspricht auch die Art der Formgewinnung: Abformen ist das Gegenteil von Beherrschen. Der eigene nackte Körper wird gleichwertig mit anderen Formationen (Torf, Gleiskörper, Moorgraben etc.) zur Entstehung von neuer Gestalt, von Plastiken mit eingebracht.“

Soweit die Pointe ohne die Geschichte, die in Gegenständen und Bildern besteht, den torfbraunen Rost auf den Schienen und die Loren der alten Moorbahn eingeschlossen, eine Geschichte, mit der sich nicht jedermann belasten würde. Eine Geschichte, die auch nicht jedermann mitteilbar ist.

„Oh! Die Qual, nicht kommunizieren zu können, zu spüren ohne zu wissen. Ich sitze hier und lasse den roten Staub durch meine Finger rinnen und puste ihn über ein Blatt Papier. Wir haben die Natur in Klischees umgewandelt …, so daß wir jetzt besser mit Instrumenten und Objektiven als mit unseren eigenen Körpern sehen können." Lucy Lippard, einigen als Interpretin weiblicher Kunst bekannt, beschreibt die fiktive Geschichte einer Archäologin, die zusammen mit ihrem Kollegen X und einem ganzen Wissenschaftlerteam in eine unbekannte rotstaubige Wüste zieht, um über die Landschaft und die Reste einer Zivilisation zu arbeiten. Der fiktiven Geschichte entspricht eine materiell existierende Landschaft, eine mit ihrem Künstlerkollegen Simonds geschaffene Miniaturlandschaft, so groß wie ein Ausstellungsraum, mit Ruinen von Observatorien, Tempeln, Wachttürmen und Straßen. Stoff als Haus und Landschaft, zu dem sich zwei verschiedene Beziehungen entwickeln. Die Frau schreibt in ihr Tagebuch: „11. Mai: Diese Arbeit hat eine eigenartig sexuelle Seite. Den ganzen Tag knien wir wie Kinder am Strand, die Gesichter nah an unseren Grabungen, die wir mit winzigen Instrumenten streicheln. Die Einzelheiten, diese Umständlichkeit des Winzigen. Das langsame Abbürsten von Staubschleiern. Das angespannte, unerträglich in die Länge gezogene Sondieren des Unbekannten, der kommende Höhepunkt des Fundes."

Die Landschaft scheint zu leben, es eröffnet sich ein Durchblick, wo es vorher keinen gab, ein Hügel erhebt sich an einer vorher flachen Stelle. „X umklammert seine Karte und macht witzig besorgte Bemerkungen darüber, wie anders alles bei verschiedenem Licht aussieht." Er will nichts merken. X entlastet sich durch das Aufbrechen der vorgefundenen rätselhaften Zusammenhänge in isolierte Teilchen. Die Frau notiert, wie sie X mit der Landschaft umgehen sieht: „17. Oktober: X stürzt sich darauf, rasch, furchtsam, ehe er sich verwundern kann. Kleine Zahlen schieben sich über alle Flächen, Raster mit Achsen, die die unseren kreuzen. Er wird diesen heißen roten Ort zu Schwarz und Weiß und Grau und Schwarz auf Weiß einfrieren. Im Namen der Logikgötter wird er Partikel in Vitrinen, in Computern isolieren, sie ausbreiten und Objektiven aussetzen, die zu stark sind, um ihre Vielfalt wahrzunehmen; er wird ihnen die Kraft zur gegenseitigen Befruchtung rauben. Er will alles in Bildern mitnehmen. Ich will das Leben in diesem Ort lassen. Es mag der letzte Ort sein, wo man leben kann." und: „Die Natur ist mein Sklave, sagt X. Mir schaudert."

X hat seinerseits an der Arbeit der Frau Kritik geübt: es würde immer schlimmer mit ihr, sie habe sich „zu sehr hineingesteigert". Die Frau schreibt: „Er sagt, Leidenschaft taugt zu nichts in der Archäologie. Ich sage, Archäologie, wie alles andere, taugt zu nichts ohne Leidenschaft. Er sagt, das ist eine typisch weibliche Ansicht."

Die Frau empfängt im Träumen Botschaften von der Landschaft und ihren alten Bewohnern, die sowohl Mann wie Frau waren, ohne den häßlichen Beigeschmack, den das Wort Zwitter später bekommen hat. „Ich war ein kleiner Junge und sie ein Mann und wie der Traum weiterging, konnte ich die Frauen nicht von den Männern oder die Männer nicht von den Frauen unterscheiden. Sie/er sagte mir Zeit. Beim Aufwachen klang mir diese Wendung in den Ohren, von ihrer gewöhnlichen Bedeutung abgelöst. Sie/er sagte mir Zeit auf einer großen, auf dem Land ausgebreiteten Sonnenuhr, deren Schatten dem Lauf der Sonne folgte. Die Geschichte treibt langsam über die Grenze meiner Worte hinweg. Etwas von tiefer graben, ein erdbedeckter atmender Leib, Bäume, die sich mit den unterirdischen Strömen lieben, denen sie entstammen, wie Blasen unter Städten aufsteigende Hügel und Kindergelächter, von Sternenschatten auf den Ebenen, einen Vergangenheit und Zukunft verdauenden Panzerbauch. Und von Menschen, die die Wege schufen, von Reisenden, deren Umherwandern, wenn es abbräche, die Welt enden würde." Die Zeit schreitet nicht als fremder Despot den Menschen voran, sie ist selbst ein Doppelwesen, in dem sich

Zukunft und Vergangenheit ins Gleichzeitige vereinen: „Ich träumte von einer Uhr ohne Ziffern," schreibt die Frau. Am Abend des ersten erkämpften Tages der französischen Revolution „ergab es sich", schreibt Walter Benjamin, „daß an mehreren Stellen von Paris unabhängig voneinander und gleichzeitig nach den Turmuhren geschossen wurde." Es kommt mir wenig vor, darin nur Geschichtsbewußtsein zu sehen, das das glorreiche Datum festhalten will, den Triumph über einen sechzehnten Ludwig. Im Gegenteil, da kann der vorweggenommene Moment einer Revolution gegen die Despotie der Ziffern, Zeiger und Kalender aufgeblitzt sein, so unabhängig und gleichzeitig, wie es sich sonst nur träumen läßt.

X erfährt von den Träumen nichts, jedenfalls nicht direkt: „Ich sage ihm nicht, daß ich träume, daß jede Frau und jeder Mann Mann und Frau ist, je nach der Tages- oder Jahreszeit oder der Tätigkeit, die sie/er gerade ausübt. Daß diese Träume oder Mitteilungen ihre Bestätigung darin finden, wie die Landschaft, in der wir arbeiten, sich verwandelt hat. Daß ich träume und wir dann meine Erinnerungen ausgraben. Daß meine Träume von einer anderen Art des Sehens eingeleitet werden – sehr detaillierten Standfotos, manchmal von einem vereinzelten Satz begleitet – Visionen, die gerade vor dem Einschlafen oder Aufwachen zustandekommen, in jener Zwitterzeit. Ich sage ihm nicht, daß diese Perlen sich zu einer Geschichte verknüpfen, in der alles auf einmal geschieht."

Das Begreifen zwischen Schlafen und Wachen ist eines, das auch die Ideen faßlicher macht: „Ideen? Was nennt man Ideen? Etwas Substanzloses? Wir haben nichts ohne Substanz. Alles was wir wissen, hören, sehen, spüren, schmecken, tasten wir." So beginnt eine der Botschaften, die die Frau empfängt.

Ich habe mir mit Peter Nentwig zusammen eine Miniaturlandschaft gemacht, in der ich herumtaste. Es ist eine Hefelandschaft, ein rissiger Teig in einer großen flachen Schale. Von dieser Landschaft ausgehend, werde ich später auf August Salomon Andrées Eiswüste, Gilows Moor und Charles Simonds und Lucy Lippards archäologische Landschaft stoßen.

„Wie jedes Lebewesen braucht die Hefe, wenn sie arbeiten

Teil der Miniatur-Landschaft von Simonds und Lippard

soll, Nahrung. Diese besteht aus Zucker, Mehl oder Stärke, also Kohlehydraten, die sie im Teig findet. Sie wandelt sie in Kohlensäure und Alkohol um, die die Lockerung des Teiges bewirken", heißt es in Oetkers Schulkochbuch von 1963. Der Teig wird von uns, um ihn einer Landschaft ähnlicher werden zu lassen, flach ausgebreitet in einer übergroßen Fotoschale, die ihrerseits in einem Bottich schwimmt, der aus einem Thermostaten mit warmem Wasser gespeist wird. Eine Temperatur um 37 °C herum ist am günstigsten für die Hefe. „Am schnellsten kann sie Zucker verarbeiten, während sie Mehl und Stärke vorher abbauen muß. Fett und Salz liegen ihr dagegen ‚schwer im Magen', sie hemmen ihre Lebenstätigkeit," sagt das Kochbuch, als ob es ihm um das Wohlergehen der Hefe ginge. Dann aber kommt es auf den Punkt: „Wenn Hefe besonders schnell arbeiten soll, rührt man sie nicht nur mit lauwarmer Milch an, sondern setzt noch etwas Zucker zu."

Peter hat eine solche Mischung in einem Meßzylinder vor sich und mißt mit der Stoppuhr, wie sie die Marken hochklettert. In Abhängigkeit von der Temperatur wird sich die Geschwindigkeit ändern. Peter sagt, er stelle sich vor, mit einer Gruppe von Chemielehrern zu arbeiten, die erst etwas gemessen haben wollen, bevor sie bereit sind, sich mit den Händen in eine zähe Masse einzulassen. Aber die Aufschlämmung im Meßzylinder klettert nur, weil sie zähe ist und die Gasblasen nicht ungehindert entweichen können. Jede Blase, die herausfindet und zerplatzt, fälscht die Aussage der Messung. Man könnte verdünnen, das wegperlende Gas auffangen, bestimmen, wieviel im Wasser gebunden bleibt, auf Normaldruck und -temperatur korrigieren, einen definierten Teil der Hefe gleichmäßig aufschlämmen und verdünnen, davon einen Tropfen nehmen und die Zellen unter dem Mikroskop auszählen, messen, wieviel Tropfen auf ein bestimmtes Volumen gehen, damit man die Gasbildungsrate auf die Anzahl der Hefezellen beziehen kann.

Am fertigen Teig selbst etwas zu messen, etwas, was das Teigige ausmacht, erfordert einige Vorüberlegungen und tiefergehende Beobachtungen, wie sie der Kolloidchemiker Wolfgang Ostwald 1919 niedergelegt hat: „Sehr ähnlich wie etwa beim Plasma lebender Zellen ... der Aggregatzustand weder ‚fest' noch ‚flüssig' ist, in ganz entsprechender Weise beobachten wir auch beim Teig gleichzeitig Eigentümlichkeiten des flüssigen und festen Zustandes. Zu den Flüssigkeitseigenschaften gehört zum Beispiel die Fähigkeit des Teiges, seine Gestalt der Form eines beliebigen Gefäßes freiwillig, wenn auch zuweilen sehr langsam anzupassen. Sodann gehört hierher z.B. die spontane Gestaltsänderung der in der Regel als Rotationskörper aufgesetzten Teigstücke unter dem Einfluß der eigenen Schwere, wie die ‚Sohlenbildung' bei jedem ‚freigeschobenen' Gebäck oder sein charakteristischer Querschnitt zeigt. Auch die ‚Bereitwilligkeit' eines Teiges, Kugelform bei leichter mechanischer Nachhilfe anzunehmen, kann als Ausdruck seiner eigenen Tendenz zur Annahme dieser für Flüssigkeiten charakteristischen Raumbegrenzung angesehen werden. Desgleichen ist die Ausbildung kugeliger oder linsenförmiger Blasen bei der CO_2-Entwicklung eigentümlich für ein flüssiges Medium. Aus dieser Beweglichkeit des Teiges folgt schließlich, daß ihm eine definierbare Viskosität zukommt. Der Zahlenwert dieser Viskosität ist gewiß ein ziemlich großer, immerhin aber noch kleiner als der etwa von Pech oder Kolophonium. Ebenso wie aber die Viskositätswerte letzterer Stoffe mit geeigneten Apparaten durchaus meßbar sind, ebenso sollte dies für Rohteige möglich sein.

Auf der anderen Seite finden wir beim Teig auch Eigenschaften, wie sie für feste Körper eigentümlich sind. Bei einer schnellen Gestaltsänderung, z.B. beim Ausrecken eines Teigstückes, auch bei schnellgehenden Knetmaschinen zerreißt das Teigstück, wobei in den ersten Augenblicken die Reißstelle unregelmäßige, z.B. faserige Formen hat, die etwa an die entsprechenden Formen bei der Zerreißprobe von Hölzern erinnern. Für kürzere Zeiten muß ein Teigstück auch bei freiem Stehen seine Gestalt annähernd bewahren. Die Teigstücke dürfen z.B. beim ‚Stehen auf Gare' nicht auslaufen. Ferner ist es möglich, den Teig in Stücke zu schneiden, eine Eigentümlichkeit, die ebenfalls mehr den Eigenschaften fester als flüssiger Körper entspricht usw."

Wenn man also so tut, als sei der Teig eine Flüssigkeit und seine Fließzähigkeit, die Viskosität, mißt, vernachlässigt man darüber nicht nur das Feste in ihm. Es entgeht einem vielmehr gerade dieser eigentümliche Gesamtzustand zwischen fest und flüssig.

Es ist, wenn man so will, am Morgen des dritten Tages der biblischen Schöpfungsgeschichte, bevor das Trockene vom Festen geschieden wurde, in einem Kinderparadies aus Matsch mit einem Himmel darüber und der Unterscheidung in Tag und Nacht und sonst noch gar nichts. Die Schöpfung des Teiges geht aber schon von Zutaten aus, in denen fest und flüssig geschieden ist. Die Milch ist, wenn sie den Glasrand hinunterläuft, eine neblige Flüssigkeit, eine Bezeichnung, die dem diffusen Recht entspringt, das es erlaubt, von einem milchigen Nebel zu sprechen. Der Zucker dagegen ist wie Schnee bei klarer großer Kälte, hart und sonnig. Der Zucker habe die „innigste Beziehung" zu Wasser, aber berge in sich auch eine „feurig-lichthafte" Natur", sagt Gerhard Ott in seinem „Grundriß einer Chemie nach phänomenologischer Methode", in dem er die Trennung zwischen Wissenschaft und Kunst überwinden möchte. Jedenfalls lädt

Zucker nicht dazu ein, mit den Händen darin herumzuwühlen. Er ist nicht weich genug und andererseits zu rein, fast chemikalienartig und fremd. Ich fürchte, etwas schmutzig zu machen. Von den Zutaten ist das Mehl am landschaftlichsten. Es wird ein Berg im Winter sichtbar; indem man einen Krater für die aufgegangene Hefe hineindrückt, wird ein Vulkan daraus. Peter, der nicht aufs Messen festgelegt ist, spielt mit dem Vulkan, macht mit dem Finger glatte Hänge und hat schließlich seinen Lieblingsskiberg nachgebildet: La Grande Motte – die Große Scholle. Er pustet ins Mehl, daß es stäubt. Wir klopfen mit der Hand auf das Mehl, bis sich der Handabdruck dicht und fest anfühlt, das Geräusch der aufprallenden Hand hart und trocken wird. Die Handlinien ziehen ein weißes Netz über die Haut. Wir drücken das Mehl zwischen den Fingern durch. Es gleitet. Peter hat festgestellt, daß die Hefe in wäßriger Zuckerlösung viel langsamer geht als in Milch bei gleicher Zuckerkonzentration. Die angegangene Hefe wird mit dem Mehl und den Zutaten verknetet. Der Teig klebt zunächst an der Haut, ist dort mit Wasser schlechter abzubekommen als mit zusätzlichem Mehl. Der Teig ist gut, wenn er eine elastische Masse bildet, die in sich selbst besser hält als an fremden Oberflächen. Man könnte auch sagen, daß die Kohäsion die Adhäsion überwiege, aber das klänge hochtrabend und steif. Reißt man den Teig, so bilden sich fädige Brüche, Geflechtstrukturen, wie sie an der Oberfläche von Knochen unter dem Mikroskop zu finden sind.

Den fertigen Teig im Bottich haben wir mit einer Scheibe abgedeckt. Er bläht sich, ein kurzes Senken folgt, ein weiteres Heben, ein Senken, ein Heben. Wir schauen durch die Scheibe wie in einen Brutkasten. Das Heben ist einem Einatmen ähnlich. Ich überrasche mich dabei, wie ich den Vorgang mit meiner eigenen Atmung unwillkürlich nachahme. Es bilden sich im Teig Risse, Spalten und Krater. Blasen tun sich auf, als schaue uns unsere Landschaft aus eigenen Augen an.

Wir vergraben in der Masse mit kleinen Teigstücken gefüllte Tüten und Ballons, die nach einer Weile zerplatzen und neue Krater reißen. Der Teig wird mit dem Wachsen lockerer, ein bißchen schaumartig, verliert dabei seine Fädigkeit. Auch die

Eine Hefelandschaft

Konturen zwischen Berg und Tal verwischen sich. Einen Teil des Teiges füllen wir in ein rundes Gefäß. Der Teig steigt bis zum Rand, formt über dem Rand einen Pilz, schwappt schließlich über. Das hat etwas Unaufhaltsames und Bedrohliches.

Wir arbeiten im Labor, die Mehltüten und die Teige sind Eindringlinge. Wir haben den Laboranten gebeten, sein Radio auszustellen. Die Uhr habe ich abgelegt. Man hört das Klingeln der Glasstäbe und Löffel in den Bechergläsern, das monotone Rauschen des Thermostaten, das Schmatzen, mit dem das abgekühlte Wasser wieder in den Kreislauf gesaugt wird. Man braucht hier im Grunde keinen Thermostaten. Ein paar große Vorratstöpfe mit warmem Wasser täten es auch. Aus warmem Wasser und einem Teil des Teiges erschaffen wir eine Vulkaninsel in einem Sumpf. Dann Bergzüge an einem Meer, das wir wieder mit Mehl aufnehmen, wobei wir die Änderung der Konsistenz ertasten. Einen Teil der Teigoberfläche blasen wir mit einem Fön an. Sie verändert sich schneller als die Umgebung. Peter nimmt einen kleinen Teigklumpen und übergießt ihn mit verdünnter (0,1 molarer) Salzsäure. Der abgetötete Klumpen wird gummiartig und weißlich. Soll man sich wegen eines Hefeteiges ein Gewissen machen?

Ich nehme ein Stück Teig vom Vortrag und erhitze es in einer Retorte im Sandbad. Die ersten Tropfen, die sich im Retortenhals niederschlagen, legen sich flach an das Glas. Es sind Alkoholtropfen. Man findet solche Tropfen an der Innenwand eines jeden Schnapsglases über der Flüssigkeit. Wenn sie deren Oberfläche berühren, ziehen sie sich zurück, „nippen", wie man sagt. Später folgen Tropfen von Wasserform, am Schluß ölig teerige Tropfen. Die Flüssigkeit, die sich gegen Ende der Destillation in der Vorlage gesammelt hat, riecht nach Kuchen, nach Alkohol und etwas angebrannt. Das Teigstück in der Retorte ist unten braun, oben goldgelb geworden, sieht appetitlich aus, erinnert an ein Madeleine-Küchlein. Das Geschick der Hefe ist darunter vergessen. Wir achten darauf, daß wir bei jedem Versuch mit der Landschaft den größten Teil so behandeln, daß wir ihn verbacken können. Wir teilen das erhaltene Fladenbrot, die Pizza, den Kuchen mit anderen.

Wilhelm Walgenbach, ein anderer Kollege, verwendet die Idee der gemachten Landschaft für einen Versuch mit Schülern. Neben Hefelandschaften werden Phantasielandschaften aus anderen Materialien gemacht. Am Schluß des Unterrichts kommen die Lehrkräfte mit Müllsäcken, um die Landschaften wieder zu beseitigen. Bei der Beseitigung der Teiglandschaften werden die Schüler böse. Man wirft keine Landschaft auf den Müll, von der man essen kann. Die Lehrkräfte lernen.

Bei der Suche nach einem Künstler, der mir bei der Landschaft über das Naturwissenschaftliche hinaus helfen soll, lerne ich eine Lehrkraft der Wiener Hochschule für Angewandte Kunst kennen, Wilhelm Dabringer, der knapp mit Dab signiert. Ja, er mache „in Landschaft", hatte er geschrieben und ein paar verschmitzte Komplimente für „Deutsche Theorie" hinzugefügt.

„Es wehte eine leichte Luft die Donau herunter, und die Deutschen sahen mit einer gewissen Verachtung auf uns herab wie auf Kinder, die durchaus nicht den Ernst des Lebens begreifen wollen," schreibt der Wiener Stefan Zweig, und: „Ich glaube, daß ein Übermaß an Ambition in der Seele eines Menschen wie in der Seele eines Volkes kostbare Werte zerstört und daß daher der alte Wahlspruch Wiens ‚leben und leben lassen' nicht nur humaner, sondern auch weiser ist als alle strengen Maximen und kategorischen Imperative."

Dab und ich treffen uns in der Holsteinischen Schweiz, im Lahntal, in Wien, arbeiten an der Konzeption und am praktischen Teil. Dab liebt das Skurrile. Er zeigt mir, womit er angefangen hat. Es sind aus Holz ausgesägte und dann lackierte Bergketten, die in großen Karteikästen von jedem Beschauer anders zu verschiedenen Gruppen von hintereinanderschwingenden Höhenzügen komponiert werden. Er modelliert Landschaften mit Häuschen, die wie aus der Spielzeugschachtel aussehen. Er arbeitet gern für Kinder.

Jetzt reißt er den Teig immer wieder auf, um in Aquarellskizzen und Fotoaufnahmen das Netz- und Wabenwerk der Teigblasen festzuhalten. Wir setzen angerührte Stärke hinzu, um die Strukturen zäher und ausgeprägter zu bekommen. Umgekehrt überlegt Dab, ob man durch unscharfes Anschauen, z.B. Fotografieren durch ein beschlagenes Glas, etwas Neues findet. Wir denken uns eine Expedition aus, die die Landschaft erkundet und sich mit den eingeborenen Bewohnern und den Erdgeistern auseinandersetzt. Die letzteren sind Elementgeister, die Elemente wiederum Hefe, Wasser, Milch, Zucker, Salz, Mehl, Stärke, Fett. Die Expedition ist ähnlich zusammengesetzt wie eine Expedition des frühen 19. Jahrhunderts: es dürfen Maler und Poeten neben Ökonomen und Geologen teilnehmen. Ein Würfel bestimmt, wer dran ist. Der Würfel sagt: *jetzt* wird gebohrt, geschmeckt, analysiert, gerochen und angeschaut. *Jetzt* ist der Maler dran, *jetzt* der Analytiker. Die Bewohner leben von der Landschaft, sie darf nicht besudelt werden, sonst könnte man hinterher nicht von ihr essen. Die Bewohner freuen sich an der Landschaft, etwa am Eintauchen in ihre tierische Wärme. Oft hört die Freude gerade in dem Moment auf, wo man sich ihrer bewußt wird oder gar darüber reden muß. Es wird eine Spielregel aufgestellt: Man darf etwas von dem für sich behalten, was man gelernt (behalten) hat. Manchmal ist die Landschaft unheimlich, aber mit Maßen. Wie hörte ich es doch vor einer Geisterbahn auf einer Kirmes in Soest: „Unsere Dämonen liegen alle an der Kette und freuen sich auf Ihren Besuch."

Dab setzt ein Häuschen dicht an den Rand eines Kraters oder unter eine überhängende Wächte. Kraterwand und Wächte sind von Wabengeflechten durchzogen. Ein Männchen weicht auf allen vieren einer sich auftuenden Spalte aus. Dab, der mich manchmal zu ernst findet, zitiert: „... daß das Apokalyptische über Österreich einmal bei der Jausen hereinbrechen wird. Hereinbrechen muß. Das ist ja das Entsetzliche. Für Österreich kommt's Jüngste Gericht zum Kaffee. Wir werden zur Jausenzeit untergehen." Das Zitat stammt von Fritz Ritter von Herzmanovsky-Orlando, dessen 1928 geschriebenes Stück „Der Gaulschreck im Rosennetz" gerade im Serapions-Theater aufgeführt wird. Das Stück spielt im vormärzlichen Österreich. Noch wird das Jubiläum der kaiserlichen Thronbesteigung – das schwedische Jubiläum hatten wir schon – in Ehren gehalten, aber es gärt: die Bewohner der Stadt Scheibbs verlangen von Kaiser und Papst einen zweiten Donnerstag.

Auf den heutigen österreichischen Münzen ist ein Adler zu sehen, der in seinen Krallen je einen winzigen Hammer und eine winzige Sichel hält, dazwischen eine winzige zerbrochene Kette. „Unsere Revolution war furchtbar" behauptet Dab, „man hat den Adeligen all ihre Titel genommen, gerad' ihren Besitz durften sie noch behalten." Am nächsten Tag fahren wir zu einem solchen Besitz auf einem Hügel in der Landschaft vor den Toren Wiens. Dab erkundigt sich – alle Leute sind es so gewohnt, und man will nicht ungehobelt sein – nach dem Herrn Grafen, aber der Herr Graf sei nicht da, heißt es. Der Verwalter führt uns in die Burg, die Dab als Vorlage für einen Schneidebogen benutzt, mit dem er Kinder in die verschiedenen Stilrichtungen der Baukunst einführen will. Es gibt dafür kaum ein besseres Beispiel als diese Burg Kreuzenstein, denn sie ist aus lauter Teilen, die von Ruinen aus allen in Frage kommenden Epochen und aus aller Herren Länder stammen, zusammengebaut worden, ein falsches festes Haus aus echten Stücken auf einem echten Burghügel. Vom Turm aus sehen wir auf das nahe Dorf und die Felder. Wie war das damals, auf den Feldern zu arbeiten und nicht genau zu wissen, ob aus den Fensterhöhlen des Turms heraus Augen auf einen stachen? Am Rand des Dorfes stehen einige Fabrikhallen, durch deren Dächer das Auge nicht dringen kann. Die Änderungen kamen von da.

„Dächer und Stiegenhäuser, Treppen, Plätze und Straßen sind für mich Landschaft, Berge, Plateaus, Täler und Flüsse," erzählt Dab, der aus Kärnten stammt und in der Stadt heimisch geworden ist, Ferdinand Wolbert, dem Mann vom Österreichischen Rundfunk, der für seine Reihe „Funkverbindung" eine Sendung über Landschaft macht. Für Andrée waren die Eisschollen Venedig. Wir geben ein Interview, sprechen vom lebenden Teig als dem Sinnbild einer unberechenbaren, gärenden, brüchigen Landschaft und von dem Blick von der Burg. Die Sendung berichtet weiter über eine Auktion von Landschaftsgemälden, ökologische Probleme der Europäischen Gemeinschaft, eine Meditationsgruppe, die aus ihren Wanderungen Kompositionen macht: Schritte, die abwärts gehen, klingen anders als solche, bei denen man steigt. Auch die verschiedenartigen Böden hört man. Die erzeugten Geräusche, für sich genommen, entwerfen beim Hören vor dem inneren Auge eine Landschaft.

Nach dem Abschied aus Wien arbeite ich mit Häuschen. Es sind zunächst Häuschen aus verschiedenen Metallen, die mir die Werkstatt gemacht hat. Einige korrodiere ich mit Gleichstrom in verdünnter Schwefelsäure. Beim Stahlhaus, das den Pluspol bildet, fehlt nach einiger Zeit in der Ecke einer Seitenwand ein dreieckiges Stück. Am Schornstein des Hauses, das den Minuspol bildet, lagert sich eine Rauchfahne aus Metallnadeln an, die auch die Dachkanten besetzen wie überhängende Strohhalme.

Beide Häuser rosten an der Luft, nehmen eine Moorfarbe an. Das Aluminiumhaus zerfällt in Natronlauge. Dach, Wand und Kamin liegen – mit einer rissigen weißen Hydroxidschicht bedeckt – inmitten weißüberzogener Schuttschollen. Fast eine Ruine im Schnee in der Manier der Romantik. Die weiße Schicht ist nicht glatt, sie besteht aus lauter winzigen Kraterhügeln. Die Öffnungen in den Kratern rühren von Wasserstoffblasen her, die bei der Umwandlung von der Metalloberfläche durch die Schicht entweichen, solange diese noch weich und gallertartig ist. Von den Kupferhäuschen behandele ich ein paar elektrolytisch. Auf dem als Minuspol verwendeten setzt sich ein feiner Pelz von Kupferkristallen ab. Man nennt das einen Schwamm. Der Schwamm färbt sich an der Luft von glänzend metallisch rot zu einem stumpfen weichen braunrot um, dem roten Kupferoxid. Ein anderes Kupferhaus stelle ich auf ein Uhrglas, das in einer Schale liegt, die abwechselnd mit Essigsäure und Ammoniak gefüllt wird. Über Schale, Glas und Haus wird ein Becherglas gestülpt, um die jeweilige saure oder basische Atmosphäre festzuhalten. Nach einigen Stunden habe ich einen blaugrünen Überzug. An einigen Stellen ist er dünn und liegt fest an, an anderen Stellen bildet er eine dicke blättrige Schicht mit Ausblühungen. Viele Ausblühungen sehen von nahem betrachtet tatsächlich wie Rosen auf verwitterten Reliefs aus, blaugrüne Blumen aus der Verwandlung eines Metalls. Würde man unstrukturiertes Kupferpulver so umwandeln, bekäme man ein anderes Pulver, blaugrün statt rot, aber ohne Struktur. Es gibt zur Beschreibung von Stoffen, die an chemischen Umwandlungen beteiligt sind, Indizes, die bezeichnen, ob die in die Reaktion hineingehenden oder aus ihr herauskommenden Stoffe fest, flüssig oder gasförmig sind. Strukturen, Formen, Gestalten dagegen werden übergangen. Das Ausgangsmaterial ist schon so gewählt, daß sich nach Möglichkeit Amorphes in Amorphes wandelt.

Für die beiden schon erwähnten Gruppen belgischer Chemielehrer, dieselben, die Andrées Wissenschaft etwas „vulgaire" fanden, sammle ich Häuser von Muscheln und Schnecken an der Ostsee, bei Wendtorf. Ein Strand an der Nordsee wäre besser,

Korrodierte Metallhäuschen

dort gibt es mehr Arten. Ich finde die Schalen von Klaffmuscheln, Herzmuscheln, Miesmuscheln, von der kleinen rosa Plattmuschelart, die auch rote Bohne genannt wird, von der stumpfen Strandschnecke und der Pantoffelschnecke. – Offenbar hält sich die Anschaulichkeit gegenüber der wissenschaftlichen Nomenklatur in der Biologie besser als in der Chemie, aus der Namen wie Bergblau, Hirschhorngeist, Hammerschlag, Phlegma (Destillationsrückstand), Mannazucker und Pottasche ausgenüchtert worden sind.

Das Experiment mit den Chemielehrern besteht aus drei Teilen. Sie müssen die Augen schließen, bekommen die Häuschen von Muscheln oder Schnecken in die Hand gelegt, sollen sich durch Tasten drei Minuten lang still auf das ungesehene Ding einlassen und es erraten. Drei Minuten sind eine lange Zeit. Die meisten fangen vorher an zu kichern. Dann werden die Augen geöffnet, Mörser, Bechergläser und verdünnte Phosphorsäure (10 %ige, viele Reinigungsmittel enthalten fast die doppelte Konzentration) stehen bereit. Ich fordere dazu auf, die Häuschen zu zermahlen und – im dritten Schritt – aufzulösen. Niemand zögert, jeweils zehn Personen stampfen und reiben, kommen allmählich in einen gemeinsamen stoßenden Rhythmus. Es knackt und knirscht und schabt, zehnmal verstärkt: Es geht lustig und energisch zu und so laut, daß man schreien müßte, um sich zu verständigen. Dann werden die erhaltenen Pulver in Bechergläser gebracht und mit Säure übergossen. Das Kalkmehl löst sich schäumend auf. Farblose Lösungen mit ein paar schmutzig grauen Restflocken entstehen. Glätte und Riffelungen, Perlmuttglanz, blaue, braune und rosa Farbtöne sind Vergangenheit. Es ist etwas Irreparables passiert. Wer hier im Raum kann aus dem Flockenwasser schon wieder Muschelschalen bauen? Natürlich niemand, und darum stelle ich die Frage auch nicht; ich habe sie schon mit dem Versuch gestellt, aber sie ist nicht gehört worden. Eine verbale Wiederholung wäre plump und schulmeisterlich, zumal der Schulmeister die Antwort schon weiß. Die Teilnehmer sind etwas ratlos: Nun ja, Calciumcarbonat löst sich in verschiedenen Säuren, aber das wußte man doch. Wozu der Versuch? Anschließend sagt mir eine Teilnehmerin, es wäre vielleicht schon ganz gut, wenn die Kinder im Chemieunterricht auch mit natürlichen Materialien konfrontiert würden. Nur die Kinder?

Ich selbst arbeite mit ein paar Häuschen von Wellhornschnekken, die ich von einer dänischen Nordseeinsel mitgebracht habe. Ich habe nur rechtsgewundene Gehäuse gefunden. Das heißt: Stellt man das Haus mit der Spitze nach oben auf, liegt die Mündung rechts von der Spindel, der Säule, um die sich die Wendeltreppe dreht. Würde man umgekehrt in das Haus von außen eindringen, würde man immer linksherum in die Spitze emporsteigen. Ich löse die Häuschen mit Essigsäure und Phosphorsäure an, bis die Mauern durchscheinend werden, Fensteröffnungen und Scharten auftauchen, die Windungen sich voneinander trennen und nur oben und unten noch von der Spindel gehalten, spiralige Bänder bilden. Schließlich umstehen Reste der Wand die Spindel wie Blütenblätter einen Stempel. Da höre ich auf.

Wofür mag ein Schneckenhaus noch stehen außer für eine Ansammlung von Kalk, den Ott in seinem phänomenologischen Chemiebuch so empfindet, daß er sagt, sein Wesen sei eher sau-

Angelöste Schneckenhäuser

gend und begierdehaft im Vergleich, zum Beispiel, mit der lichtatmenden, strukturierenden Kieselsäure? Für ein Füllhorn, eine Höhle, einen Schoß, Däumlings Wohnung, ein Elfenbeinschloß, einen festgewordenen Reim auf einen Wasserstrudel, für ein Gleichnis über im Kreise gehen und dennoch höher steigen? Es ist merkwürdig, daß die Anlösungsvorgänge, die Windungen und Spindel freilegen, im Endprodukt weniger gewalttätig wirken als Umwandlungsversuche, die die Form intakt lassen, aber die Substanz ändern. Schwefelsäure, obgleich stärker als Essigsäure und Phosphorsäure, löst die Kalkhäuser nicht auf, sondern wandelt sie – bei Beibehaltung der Form – in Gipshüllen um. Sie sind ein bißchen schwerer geworden, haben die Farbnuancen auf der Oberfläche verloren, sind mattweiß, und halte ich sie ans Ohr, glaube ich, auch das Rauschen sehr viel matter zu hören. Da könnte man wohl auch etwas messen.

Zu einer Arbeitsgruppe – hinter der offiziellen Bezeichnung „workshop" verbirgt sich der Neid auf den Geruch von Sägespänen und Schmieröl in richtigen Werkstätten – hat ein Freund eine mehr als handgroße Muschel mitgebracht. Die Muschel ist eine späte Erinnerung einer in Indonesien verbrachten Kindheit, einer Insel, eines Strandes, einer Brandung. Nach dreißig Jahren war er wieder auf die Insel gekommen, auf der seine Mutter geboren wurde und hatte dort die Muschel aufgelesen. Außer ihm weiß das erst einmal niemand. Die Tagung findet an einer Gesamthochschule statt und heißt „Naturwissenschaftlicher Unterricht in der Krise?" Ohne Fragezeichen wäre das Motto nicht durchgegangen. Wir verhandeln über „Das Naturbild im naturwissenschaftlichen Unterricht." Die Muschel wandert von Hand zu Hand. Wir sitzen auf Kunstfaserstühlen mit Stahlbeinen, vor weißgrauen Kunststofftischen, über uns kostengünstig und stabil wirkend eine Betondecke. Am Morgen hat Jürgen Dahl, der Schriftsteller, im großen Hörsaal das Federgeistchen verteidigt, einen liebenswerten Taugenichts von einem Schmetterling, für keinen ökologischen Kreislauf wirklich unentbehrlich, aber schön und einzigartig, und er will das Tier geschützt wissen. Der fensterlose Hörsaal, in den man ihn eingeladen hat, ist eine Art Schutzraum, ein Luftschutzraum gegen frische Luft, Licht und Gerüche von draußen.

Unser Seminarraum hat wenigstens eine große Glasscheibe. Die Leute nehmen die Muschel in die Hand, einige streichen mit den Fingern unsicher über die Rillen, einige horchen daran, einige klappen die beiden Hälften auseinander. Dann wird sie weitergereicht, von einigen mit einem Gefühl der Erleichterung. Die Geschichte dauert. Im Raum sind über dreißig Leute. Den zufällig Letzten kenne ich als jemanden, den ich um sein schnelles Gespür für Situationen beneide. Er hebt eine Schalenhälfte ab, wie man einen Deckel abhebt und sagt: „Ich würde in dieser Muschel am ehesten Konfekt vermuten. Jawohl, wie eine kitschige Pralinenschachtel kommt sie mir vor." Es ist ganz offensichtlich: Die Muschel – anderen mitgebrachten „Naturgegenständen" geht es nicht besser – ist unpassend. Sie stört. Es ist unbestreitbar die Muschel, nicht der Raum, das Ärgernis. Wirft niemand sie hinaus? Am Strand, auf der Insel, vor der Brandung wäre sie ganz in Ordnung, da würde man keine Pralinen zwischen den Schalen vermuten. Hier, im Seminarraum, könnte man andererseits glatt und geläufig, ohne Ärgernis und peinliche Pausen, über Calciumcarbonat verhandeln. Wie sähe ein

Wissen über Muscheln aus, das nicht beim biologisch und chemisch Bekannten steckenbliebe? Hätte es Zugang zu einer Gesamthochschule?

Man weiß, wie ein Wissen über Calciumcarbonat aussieht. Es strahlt solide, nüchterne Kühle aus. Da hat man festen Boden unter den Füßen, Teil eines wissenschaftlichen Fundaments, dessen Tragfähigkeit von Fachleuten international immer wieder geprüft und bestätigt worden ist. Man kann darauf bauen, Gesamthochschulen zum Beispiel, in der Hoffnung, daß es weiter gut geht bezüglich der beschworenen Gesamtheit:

„Sprach, o Herr, laß' allzeit frieren,
müßt' ja sonst mein Haus verlieren."

LITERATUR

ANDRÉE, S.A.: Dem Pol entgegen – Auf Grund der während Andrées Polarexpedition 1897 geführten und 1930 auf Vitö gefundenen Tagebücher S.A. Andrées, N. Strindbergs und R. Fraenkels. Herausgegeben von der Schwedischen Gesellschaft für Anthropologie und Geographie. Leipzig: Brockhaus, 1930.

ANGELL, C.A.: Supercooled water. In: FRANKS, F., S. 2.

BENJAMIN, W.: Schriften I. 2. Frankfurt: Suhrkamp, 1974, S. 702.

DAHL, J.: Aufschlüsse – Kalkstein, Feuerstein, Schiefer – Drei Versuche zur Geologie. Ebenhausen bei München: Langewiesche-Brandt, 1977.

FRANKS, F. (ed.): Water – A Comprehensive Treatise. Vol. „ 7: Water and Aqueous Solutions at Subzero Temperatures. New York and London: Plenum Press, 1982.

GILOW, F.: Über die Schienen (Redaktion: U. Bischoff) Kiel: Kunsthalle, 1980, ohne Seitenangabe.

KLUGE, A.: Die Patriotin – Texte/Bilder 1–6. Frankfurt: Zweitausendeins, 1979, S. 160.

LAGERLÖF, S.: Gösta Berling. Leipzig: Insel, 1919, Bd. II, S. 346.

LIPPARD, R.L.: s. unter Simonds.

Minnesota Environmental Sciences Foundation, Inc.: Snow and Ice. Washington, D.C., U.S.A.: National Wildlife Foundation, 1971.

OETKER: Schulkochbuch für den Elektroherd. Bielefeld: Ceres, 1963, S. 332.

OSTWALD, Wo.: Beiträge zur Kolloidchemie des Brotes I – Über kolloidchemische Probleme bei der Brotbereitung. Kolloid-Zeitschrift *25* (1919), S. 26–45.

OTT, G.: Grundriß einer Chemie nach phänomenologischer Methode. Basel: Zbinden, 1960.

PESSOA: Die Zeile verdanke ich dessen Übersetzer, Pietro Scanzano.

SEATS, M.G., RICE, St.A.: Amorphous Solid Water and Its Relationship to Liquid Water: A Random Network Model for Water. In: FRANKS, F., S. 83–214.

SIMONDS, Ch., LIPPARD, L.R.: Cracking. Köln: König, 1979, S. 22–112.

WYLIE, R.G., zitiert nach ANGELL, S. 5.

WATSON, J.D.: Die Doppelhelix. Hamburg: Rowohlt, 1969.

ZWEIG, St.: Das Wien von gestern. In: ZWEIG, St.: Länder, Städte, Landschaften. Frankfurt: Fischer, 1981, S.81.

Danksagung

Beim Schreiben dieses Buches konnte ich mich zum Teil auf Erfahrungen stützen, die ich in Zusammenarbeit mit Kollegen und Freunden gemacht habe, mit Jan Robert Bloch, Wolfgang Bünder, Wilhelm Dabringer, Peter Nentwig, Herbert Neubecker und Wilhelm Walgenbach. Einige Passagen gehen auf Anregungen zurück, die ich von Rudolf Künzli, Roland Lauterbach, Michael Müller, Jürgen Rost, Judith Walgenbach und Johann Weninger erhielt.

Jürgen Dahl und Max Himmelheber haben mir Mut gemacht, meiner Art des Schreibens treu zu bleiben.

Eckard Bast, Gudrun Donath, Gerda Mahnke und Georg Schibalski haben ihren Anteil an der Herstellung des Manuskripts.

Ihnen allen danke ich von Herzen.

Bildquellen

Seite 13: Aus Parmentier (siehe Literaturverzeichnis Einleitung), Titel und erste Seite.

Seite 16: Aus Metzger, J.M. (Hrsg.): Tausend und eine Nacht – nach der Übersetzung von Gustav Weil. Hamburg: Uhlenhorst Verlag, Bd. II, S. 141.

Seite 25: International Institute of Rubber Producers (IISRP) (Hrsg.): Synthetischer Kautschuk – Darstellung einer Industrie. New York: IISRP, 1973, S. 13.

Seite 29: Programmheft des Zirkus Roncalli, 1982. Ausschnitt der Titelseite.

Seiten 56/57: Savage, M.B.R. and Walton, W.U.: The moon watchers (illustriert von J.P.Y. Kedjanyi).

Seite 59: African Primary Science Program. Lagos (Nigeria): Science Curriculum Center, University of Lagos, 1968, S. 0, 6, 16, 24, 46.

Seite 73, oben: Solomon Islands Environmental Approach to Chemistry (siehe Literatur zu Kapitel 3).

Seite 86: AL-KINDI, S. 401.

Seite 94, oben: Aus Giebeler, E.H.W. und Rosenbauer, K.A.: Historia scientiae naturalis. Darmstadt: Giebeler, 1982, S. 62.

Seite 94, unten: Aus Stöckhardt, J.A.: Die Schule der Chemie. Braunschweig: Vieweg, 1852, S. 520.

Seite 95: Aus Libavius, A.: Die Alchemie (1597). Weinheim: Verlag Chemie, 1964, Bildteil S. 48.

Seite 98: Aus Kenya Primary Science: Water (Teacher's Guide), Nairobi (Kenya): Ministry of Education, 1975, S. 15.

Seite 110/111: Science Museum, London.

Seite 117: Aus Kükelhaus, zur Lippe: S. 118 (siehe Literaturverzeichnis zu Kapitel 5).

Seiten 120/121: Zeichnungen von Studenten.

Seiten 136, 138, 140, 142, 143, 145: Halbtraumbilder zu Materialien von Herbert Neubecker.

Seiten 157, 158, 165, 167, 169, 175: Aus Andrée, S.A. Dem Pol entgegen (siehe Literaturverzeichnis zu Kapitel 6) S. 33, 40, 112, 217, 221, 237, 240, 244, 248.

Seite 177: Aus Gilow, F. (siehe Literaturverzeichnis zu Kapitel 6).

Seite 181: Aus Simonds/Lippard, S. 87 (siehe Literaturverzeichnis zu Kapitel 6).

Alle Bilder auf den Seiten 73, 74, 75, 78, 80, 96, 130, 185, 191 und 193 stammen vom Verfasser; zum Teil entstanden sie in Zusammenarbeit mit Gerda Mahnke und Günter Jacobsen.

Jürgen Dahl: Nachrichten aus dem Garten

Praktisches, Nachdenkliches und Widersetzliches / aus einem Garten für alle Gärten

144 Seiten, 66 Farbfotos, 34 s/w.-Abb., Linson
ISBN 3-608-93086-8

Jürgen Dahl, erfolgreicher Kolumnist der Zeitschrift »natur« – legt die bei seinen Lesern überaus beliebte Serie »Nachrichten aus dem Garten« jetzt als Buch vor, ergänzt, erweitert und völlig neu illustriert mit wunderschönen großformatigen Farbfotos, die zum größten Teil exklusiv für dieses Buch aufgenommen wurden.
So entstand zwar ein Gartenbuch, aber eines, das so ganz anders ist: ein Gartenbuch nicht nur für die Hand, sondern auch für den Kopf. Nicht nur zum Nachmachen, sondern auch zum Nachdenken. Dahls Konzept: der Mensch als das, was er bis zum Industriezeitalter schon immer war – als Gärtner. Doch aufgepaßt: Dahl redet nicht einer kurzsichtigen Öko-Strategie vom »einfach wachsen lassen« oder einer heilen Welt voller Biotope das Wort; auch mit der eher modischen »Naturgarten«-Welle setzt er sich differenzierend auseinander. Der Mensch hat als Bauer und Gärtner schon immer in die Natur eingegriffen; es kommt nur darauf an, mit welcher Verantwortung es geschieht.
Dahl führt fast nur Dinge vor, die nicht in jedem Gartenbuch stehen. Und er ermutigt uns, ihm nachzueifern. Seine Vorschläge hat er allesamt im eigenen Garten ausprobiert und nach dem Zyklus des Gartenjahres geordnet, so daß man einfach Monat für Monat Dahl folgen und mit ihm experimentieren kann.

Jürgen Dahl:
Der unbegreifliche Garten und seine Verwüstung

Über Ökologie und über Ökologie hinaus

226 Seiten, 3 Abbildungen, Leinen mit Schutzumschlag,
ISBN 3-608-93074-4

Der unbegreifliche Garten – das ist zum einen ein höchst reales Ensemble von Lebewesen, an denen Jürgen Dahl zeigt, daß nicht alle Phänomene des Lebens einfachen naturwissenschaftlichen Erklärungen zugänglich sind; zum anderen meint der „unbegreifliche Garten" auch die Gesamtheit dessen, was wir gemeinhin „Natur" oder „Leben" nennen. Vielen An- und Eingriffen ist dieser Garten ausgesetzt:
Ein naturwissenschaftliches Denken, das alles für erklärbar hält, aber die seiner Erkenntnismöglichkeit gesetzten Schranken geflissentlich leugnet, und eine Praxis der Forschung, die alle Freiheit für sich reklamiert, aber die damit einhergehende ethische Verantwortung allzu leichten Herzens delegieren möchte, haben den Blick für das Unbegreifliche verstellt und uns die Ehrfurcht vor dem Lebendigen – eine gar nicht transzendente, sondern sehr irdische Ehrfurcht – gründlich ausgetrieben.
Dahls Bestandsaufnahmen der Verwüstung sind punktuell, die Analyse des verwüstenden Ungeists aber ist konsequent bis zum bitteren Ende der Erkenntnis, daß nicht bessere Einsicht, sondern nur das Ende der Frevler den Frevel beenden kann. Präzision und Konsequenz der Analyse finden dabei ihre Entsprechung in der Schärfe und Treffsicherheit seiner Formulierungen; jeder dieser Essays legt Zeugnis ab von der stilistischen Meisterschaft des Autors, die nie artifizieller Selbstzweck wird, sondern immer deutlich werden läßt, wie sehr die Disziplin im Denken und die Disziplin beim Schreiben letztlich eins sind.

Klett-Cotta